J.-A. CLAMART, anc

SOIXANTE ANNÉES DE CHASSE

PRATIQUE

DE

LA CHASSE

5e Édition, revue et corrigée

PARIS

LIBRAIRIE CENTRALE D'AGRICULTURE ET DE JARDINAGE

RUE DES ÉCOLES, 62, PRÈS LE MUSÉE DE CLUNY

— **Auguste GOIN**, éditeur —

SOIXANTE ANNÉES DE CHASSE

PRATIQUE

DE

LA CHASSE

Paris.—Imp. E. CAPIOMONT et V. RENAULT, rue des Poitevins, 6.—1879.

J.-A. CLAMART, ancien piqueur

SOIXANTE ANNÉES DE CHASSE

PRATIQUE

DE

LA CHASSE

5e Édition, revue et corrigée

PARIS

LIBRAIRIE CENTRALE D'AGRICULTURE ET DE JARDINAGE

RUE DES ÉCOLES, 62, PRÈS LE MUSÉE DE CLUNY

— Auguste GOIN, Éditeur —

PRÉFACE

Je suis né le 13 mai 1788, à La Neuville-aux-Tourneurs, arrondissement de Rocroi (Ardennes).

Élevé au milieu des bois par mon père, garde forestier et bon chasseur; n'entendant parler autour de moi que de chasse et de gibier, comment ne serais-je pas aussi devenu chasseur? Le goût de la chasse s'est même tellement prononcé chez moi, que depuis soixante années, sans interruption, j'en fais à la fois mon plaisir et ma seule profession. Aujourd'hui encore, malgré mes soixante-dix-sept ans et les infirmités, résultat de bien des fatigues, mon plus ardent désir est de continuer à chasser jusqu'à mon dernier jour; quand les forces me feront défaut, je n'aurai plus à adresser au bon Dieu qu'une prière : qu'il veuille bien me rappeler à lui[1].

Aujourd'hui, que je suis arrivé à l'extrême vieillesse, la pensée de faire profiter les autres de ma longue expérience de la chasse, et surtout les excitations de beaucoup de personnes qui m'honorent de leur intérêt, m'enhardissent, simple piqueur que je suis, à faire connaître aux chasseurs, non des théories sur la chasse, dont ils ne se soucient guère, parce qu'ils savent qu'elles peuvent les tromper, mais seulement ce que j'ai vu par moi-même et non par les autres ; en un mot, ce que j'ai observé et appris utilement pendant mes soixante années de pratique de la chasse.

Si quelqu'un a bien voulu m'aider, ce n'est que pour la rédaction ; aussi je demande une confiance que je crois mériter, car lorsqu'on

1. M. Clamart est décédé à Raucourt (Ardennes), le 3 juin 1869. Il était âgé alors de quatre-vingt-un ans.

peut apprendre tant de choses intéressantes sur la vraie chasse, pourquoi tant d'inventions et d'exagérations, dans certains livres qui në traitent leur sujet qu'à tort et à travers, pour ne pas dire qu'ils le tournent en dérision?

Je reconnais cependant qu'il y a des hommes sincères et sérieux qui ont écrit sur la chasse, mais, étant malheureusement amateurs plutôt que vrais praticiens, il leur est échappé beaucoup d'erreurs, notamment sur les habitudes du gibier, si essentielles à connaître quand on veut bien chasser; je n'en citerai qu'une preuve : Suivant M. MAGNÉ DE MAROLLES, auteur de la *Chasse au fusil*, il y a dans nos forêts « des Chevreuils de deux pelages; les uns sont bruns, les autres roux[1]. » Si l'auteur eût parlé au moindre garde forestier, il eût appris que ces chevreuils sont les mêmes, bruns en hiver, roux en été.

---

1. Voir page 223, édit. de 1788, 1 vol. in-8°.

Je ne puis cependant me dissimuler que quelques-unes de mes opinions, et même quelques faits par moi affirmés, pourront contrarier certains chasseurs prévenus; qu'ils ne me croient pas sur parole ; je ne leur demande que d'observer seulement par eux-mêmes, comme j'ai observé : ils avoueront ensuite, j'en suis sûr, que je n'avais pas tort.

PRATIQUE

DE

LA CHASSE

CHAPITRE PREMIER

PRINCIPES GÉNÉRAUX DE LA CHASSE. — HABITUDES DU GIBIER, SES RUSES, ETC.

Pour chasser avec succès, tant en plaine qu'au bois, il est indispensable de connaître essentiellement plusieurs choses : les lieux, les saisons, la température, les jours, et même les heures qui conviennent le mieux à la chasse, et surtout à chaque chasse en particulier ; les habitudes, les allures, les ruses du gibier, qui sont différentes chez chaque espèce ; la justesse et le calcul du tir ; si à tout cela on ajoute un bon fusil, de bons chiens, un bon jarret, un bon coup d'œil, de la patience et du zèle, on est parfait chasseur. Mais combien de gens parlent de la chasse, et s'y livrent avec plus ou moins d'ardeur, sans être pour cela de véritables chasseurs par principes ! Il y a peu de ces derniers ; les autres ne sont que des chasseurs amateurs plus ou moins adroits.

Avant de se mettre en chasse, il faut observer le temps qu'il fait, et même celui qu'il fera probablement dans le courant de la journée. Tombe-t-il, par exemple, de la pluie, ou doit-il en tomber, on sait qu'on trouvera le gibier dans les lieux les plus secs ; gèle-t-il ou neige-t-il, il sera abrité dans les bois, buissons et autres endroits fourrés, exposés au midi ; fait-il chaud, il sera remis dans les endroits frais et humides, tels que les bois bas, les prés, les marais.

Le temps le plus favorable à la chasse, surtout avec des chiens courants, est le temps couvert avec un vent doux ; alors, le gibier levé s'éloigne peu, et chasseurs et chiens se fatiguent moins ;

un grand vent est au contraire très nuisible, car il inquiète le gibier et en rend l'approche fort difficile. Le vent du nord, favorable à la chasse en été, lui est contraire en hiver, tandis que c'est l'opposé pour le vent du midi. Les meilleurs vents pour la chasse sont ceux d'est, d'ouest et de sud-ouest.

Aussi, toutes les fois qu'on doit chasser, soit en plaine, soit au bois, est-il indispensable de bien consulter le vent et de s'y conformer, tant pour donner aux chiens plus de facilité pour rencontrer et suivre le gibier, que pour dérober au gibier, du moins autant que possible, le sentiment du chasseur et des chiens.

La chasse du matin est en général la meilleure, parce que le gibier a tracé pendant la nuit ; il est cependant nécessaire d'attendre que la rosée soit essuyée, parce qu'elle ôte au chien le sentiment du gibier ; il faut, pour la même cause, suspendre la chasse pendant le fort de la chaleur, surtout avec des chiens courants.

Les vraies saisons de la chasse sont l'automne

et l'hiver; il n'y a, fin de l'été et commencement du printemps, que la chasse au marais et sur les étangs.

Les habitudes, les allures, les ruses propres à chaque espèce de gibier, ne sont bien connues que par la pratique; plus loin, en décrivant leurs différentes chasses, j'en dirai quelque chose.

Quant à la manière de mettre en joue, elle est particulière à chacun, et tient principalement à la longueur des bras. L'ajustement dépend de la précision du coup-d'œil, de la réflexion, du coup de doigt et surtout de la pratique. Un point essentiel, c'est que l'œil gauche soit fermé avant de mettre le fusil à l'épaule, et jamais après qu'il y est placé; beaucoup de chasseurs ne manquent que pour n'avoir pas pris cette précaution fondamentale; qu'ils suivent mon conseil, ils en reconnaîtront l'efficacité.

La manière d'ajuster se règle aussi suivant la direction du gibier, selon qu'il est en repos, qu'il fuit devant le chasseur, qu'il vient à lui ou traverse devant lui; dans ces trois derniers cas, on ne vise juste qu'en suivant sur la couche de son fusil, le gibier dans sa marche, pour faire feu sans s'arrêter, si peu que ce soit ; car autrement le gibier, qui a continué son mouvement, a dépassé la ligne de mire et se trouve par cela même manqué. Il faut de plus quelquefois, en ajustant, devancer plus ou moins le gibier, en calculant la vitesse de son vol ou de sa course, surtout à grande distance.

Il est utile aussi que le chasseur connaisse bien les qualités et les défauts de son fusil, pour qu'il puisse en tirer le meilleur parti possible.

Enfin, il doit prendre en considération la grosseur du plomb dont son fusil est chargé, par rapport à la nature du gibier qu'il a à tirer, ainsi qu'à la distance où il se trouve de ce gibier.

Pour le gibier à plume, la bonne portée est de trente à cinquante pas ; pour le gibier à poil, de trente à quarante avec du plomb, et de quarante à cent avec des balles. Plus la distance est grande, plus il faut ajuster haut et en avant. Si on tire une pièce de gibier sur l'eau, il faut que le dessous de son corps soit au niveau du point de mire.

Voici les projectiles dont je fais usage :

Pour les sangliers, les balles ;

Pour les marcassins, les loups et les louvarts, le plomb triple zéro ;

Pour les renards, blaireaux et chevreuils, le n° 4 ;

Pour le lièvre en hiver, le n° 5 ;

Pour le lièvre en été et les lapins, le n° 6 ;

Pour les perdreaux, au commencement de la chasse, le n° 8 ;

Pour les perdrix, le n° 7 ;

Pour les faisans, le n° 4 ;

Pour les cailles et bécassines, le n° 9 ;

Pour les bécasses, le n° 8 ;

Pour les canards, le n° 5 ;

Pour les halbrans et sarcelles, le n° 6.

CHAPITRE II

DES AGENTS DE LA CHASSE

§ Ier

Le Chasseur.

Le braconnier ne pense qu'à détruire, parce que la chasse n'est pour lui qu'un plaisir dérobé et dangereux; le vrai chasseur, qui se sent de la sécurité et du temps devant lui, sait concilier son plaisir avec la conservation du gibier. Il usera donc sans abuser, et non-seulement il s'abstiendra de chasser pendant le temps de la prohibition, qui est celui de la reproduction, mais même, s'il est propriétaire, il se fera une réserve pour repeupler les endroits dégarnis par la chasse; à plus forte raison, s'attachera-t-il à détruire les animaux malfaisants, fléau du gibier.

Sans parler des amateurs, il y a deux classes de véritables chasseurs : le chasseur proprement dit qui, comprenant la chasse par principes, surtout comme art d'agrément ou comme moyen d'exercice, l'aime à cause d'elle-même ; le tireur, qui l'aime principalement à cause de ses résultats, qui, tout en lui prouvant son adresse, lui procurent du gibier. Les parties de chasse les mieux organisées ont besoin des uns et des autres : les chasseurs y combinent la chasse et lui donnent sa meilleure direction ; les tireurs opèrent sur le terrain.

Voici, d'après mon expérience, la meilleure tenue que puisse avoir un chasseur :

LE CHASSEUR AU BOIS. — Comme on ne chasse au bois qu'en automne et en hiver, il aura une tunique et un pantalon en drap de couleur foncée, avec ceinturon ; un manteau léger de tissu imperméable, qu'il pourra replier dans sa carnassière ; une casquette ronde en feutre ; des guêtres en cuir, à l'écuyère, avec des brodequins; un couteau-poignard attaché à la carnassière, une trompe et un fouet en sautoir.

LE CHASSEUR EN PLAINE. — Si c'est en hiver, il aura le même costume que le chasseur au bois, mais sans trompe ni couteau-poignard. Il aura, en outre, pour la chasse au marais, des bottes en cuir imperméable qui monteront jusqu'à l'enfourchement. En été, le chasseur aura tunique ou blouse en toile grise, serrée par un ceinturon; un pantalon léger, une casquette ronde avec visière; des guêtres en coutil, serrées au-dessus du genou par une coulisse, et au-dessous par une jarretière; des brodequins, un fouet et un cordeau de 3 mètres, dont il peut avoir besoin pour son chien.

Il y a des chasseurs, mais ceux-là ne sont chasseurs qu'à demi, qui, dans une partie de chasse, voyant avant tout une occasion de se divertir à table, aiment toujours à ne la commencer qu'après un bon déjeuner. Je ne les contredis pas, puisque c'est leur plaisir; mais il y a tout à parier qu'en sortant, ces amateurs manqueront leur gibier et compromettront la chasse, s'ils n'occasionnent pas d'accident. Aussi, partout où j'ai été, j'ai toujours vu les vrais chasseurs se contenter, au départ, d'un léger déjeûner, même d'une simple souple à l'oignon. Cela les rend plus présents et leur laisse meilleur coup d'œil. Ils n'en dîneront d'ailleurs que mieux à leur retour, quand la chasse sera terminée.

Le piqueur doit être habillé convenablement pour tous les temps. C'est à cela que j'ai dû de pouvoir toujours garnir le garde-manger ; tous les temps me convenaient : le beau temps, la pluie, la neige, le dégel, le grand vent. Je ne sortais jamais sans rapporter du gibier de toute espèce, soit sanglier, chevreuil, lièvre, perdrix ou cailles dans la saison, soit bécassines, bé-casses, canards, marcanettes, vanneaux, plu-viers. J'avais des chiens dressés pour toutes les chasses.

Le Piqueur.

Le piqueur est l'âme de la chasse ; sans son concours, tout est incertain et exposé ; avec lui, au contraire, tout marche régulièrement et le succès est assuré. Ses fonctions ne se bornent pas à la chasse elle-même, elles doivent encore s'étendre à tout ce qui s'y rattache ; ainsi, il doit surveiller les armes du maître et les tenir en état ; il doit, chaque jour, faire la visite du chenil, pour s'assurer de l'état des chiens, et voir si le valet, son subordonné, fait bien son service ; il doit veiller à ce que la meute se conserve bonne et pure ; il traitera les maladies, il opérera, il pansera les blessures ; il dressera des limiers pour détourner, des mâtins pour attaquer, des chiens courants et même des chiens d'arrêt, pour les diverses chasses. En temps prohibé, il fera chaque semaine, soit à pied, soit à cheval, une grande promenade dans les bois avec les chiens couplés ; cela leur donne de l'exercice et leur fait connaître, pour les jours de chasse, le chemin du retour au chenil. Il faut aussi qu'il visite fréquemment les bois et terres dont son maître a la propriété, ou sur lesquels il a droit de chasse, afin de s'assurer du gibier qui s'y trouve et de ses habitudes. Connaît-il un sanglier, un loup, ou seulement un renard, il doit aussitôt en prévenir son maître et en faire la destruction ; il est essentiel aussi que le piqueur sonne de la trompe, et sache tous les airs qui indiquent les divers mouvements de la chasse.

La tenue de chasse des piqueurs est la même que celle des maîtres, sinon que la casquette est garnie d'un cordon de livrée. A la chasse, comme à la guerre, rien n'est laissé au hasard ; il est donc indispensable de ne rien entreprendre avant d'avoir la certitude du lieu où le gibier se trouve remis et de ses habitudes. Détourner et remettre, voilà le travail le plus difficile du piqueur, celui qui exige de sa part le plus d'intelligence et d'habitude pratique. Aussi, pour ne pas risquer de se tromper et de faire manquer une chasse, ce qui serait humiliant pour lui, le piqueur qui va détourner sera sobre, au moins ce jour-là.

Le matin, au départ, il se contentera d'une soupe à l'oignon et d'une demi-bouteille de vin ; à son retour de la quête, un morceau quelconque et un verre de vin lui suffiront. Je sais bien qu'il y a des piqueurs qui ne comprennent pas cela ; aussi comment opèrent-ils ? Quant à moi, je me suis toujours très bien trouvé de ce régime ; j'en dirai autant de ma chasse.

Dès le point du jour, le piqueur qui doit détourner se trouvera à la forêt ; si son limier arrive sur la trace d'un loup ou d'un sanglier, il tire le trait où la bête a passé, en se rabattant sur le pied ; le piqueur entre alors, à trait de limier, environ cent pas dans l'enceinte, pour bien reconnaître si la voie est celle de dix heures du soir ou celle du matin. Si c'est celle du soir, il ira prendre les grands devants pour trouver la voie du matin. On distingue ces voies l'une de l'autre, parce que sur celle du soir le limier suit difficilement et même s'écarte souvent, tandis qu'il suit franchement sur la voie du matin.

Fig. 1. — Piqueur faisant une brisée.

Chaque fois que le piqueur a reconnu, il doit faire une brisée au bois du côté de l'enceinte, et une autre à terre, sur le chemin en ayant soin de

mettre le bout cassé du côté où l'animal qu'il détourne a la tête tournée. La dernière brisée se
fera dans l'enceinte de la remise. Une fois sur la
voie du matin, le limier, s'il a bon vent, tire le
trait à environ quinze pas de la trace et il s'y rabat. Le piqueur doit alors apporter la plus grande
attention à s'assurer si la bête n'est pas revenue
sur son contre-pied ; souvent, en effet, le sanglier
revient sur son chemin et il se rembûche. S'il y
a rembûchement, le limier doit redresser la voie
et donner la rentrée au bois. On fait alors une
bonne brisée ou brisée d'attaque. S'il a plu pendant la nuit, le piqueur doit, à trait de limier,
percer l'enceinte pour mettre la bête sur pied afin
qu'elle donne une voie nouvelle, une bonne voie
qui permette de détourner et de remettre dans
une autre enceinte. Avec un bon limier et un bon
chien d'attaque, un piqueur ne fait pas buisson-
creux, surtout s'il n'a pas plu la nuit. Dès qu'il
est certain du lieu de la remise, il se retire sans
bruit avec son limier, et se rend de suite près des
chasseurs qui l'attendent. Il leur fait alors son

rapport en peu de mots et donne son avis. Quand on est d'accord, il se retire pour assurer l'exécution de l'ordre reçu. Dès ce moment, responsable de la chasse, il en devient le directeur et en quelque sorte le maître ; en conséquence, il désigne aux chasseurs leur poste, et envoie les chiens avec les valets aux environs de la brisée d'attaque et aux relais s'il doit y en avoir ; il attaque lui-même avec un ou deux chiens donnant bien des voies de rapproche, et, tout aussitôt l'attaque, il fait découpler les autres chiens pour joindre ; il suit la chasse qu'il ne doit même jamais perdre, sous peine de la compromettre ; il en annonce à son de trompe tous les mouvements ; il est derrière les chiens pour en relever tous les défauts ; il doit arriver en même temps qu'eux, à la fin de la bête, pour les secourir, si elle est dangereuse, la tuer et en faire la curée ; ensuite, il rassemble les chiens, les panse s'ils sont blessés, et il assure leur retour au chenil.

Comme l'indique le tableau que nous venons

de tracer, le piqueur est toujours occupé, et même souvent il a rude besogne ; mais s'il a l'amour de la chasse, la fatigue n'est pour lui qu'un plaisir.

Le piqueur a l'œil ou sans limier. — Le piqueur à l'œil, qui ne possède pas de limier, doit faire les chemins où il fait bon à revoir, c'est-à-dire, dont le terrain doux et mou laisse, en certains endroits, les voies de l'animal imprimées comme sur de la cire. Il est souvent assez difficile de savoir si la voie reconnue est celle de la nuit ou celle du matin. A-t-il plu pendant la nuit, il faut avoir connaissance de l'heure à laquelle la pluie a cessé ; est-ce par exemple, à onze heures du soir, si la voie ne renferme pas d'eau, on peut être assuré d'avoir la voie du matin. Une remarque fort utile est d'examiner avec le plus grand soin, si le contour de la trace est parfaitement net et ne présente pas le moindre indice d'un temps ancien ; des feuilles, des herbes, de petits brins de bois ou de mousse sont excellents à consulter. L'herbe se trouve-t-elle relevée dans le pas, il n'est pas de la nuit, mais d'un temps plus ancien.

Ces différentes remarques s'appliquent au temps pendant lequel la terre n'est pas couverte de neige ; les observations du piqueur à l'œil changent en temps de neige. La trace du sanglier est-elle surneigée moins haut que les gardes, le talon du sanglier paraît carré ; mais lorsque la neige, par son abondance, arrive au-dessus des gardes, il faut tâter avec les deux doigts enfoncés sous la neige, si la voie est la trace d'un sanglier ou le pas d'un loup ; pour le sanglier, le piqueur sent le bout du pied, la pince ; pour le loup, le pied rond et les deux ongles du devant. Cette reconnaissance indique en même temps la direction de la voie. Inutile de dire que des observations analogues à celles qui se présentent, lorsqu'il n'y a pas de neige, peuvent faire découvrir si la voie tracée sur la neige est celle de la nuit ou celle du matin.

§ III

Des Chiens

Si je n'ai pas placé les chiens au premier rang des agents de la chasse, c'est seulement par politesse pour le chasseur et le piqueur, car les chiens sont bien les premiers agents de la chasse, d'après la vieille maxime fort juste :

« Si le chasseur fait le bon chien, le bon chien passe le bon chasseur. »

LE CHENIL, LA NOURRITURE ET LA TENUE DES CHIENS. — L'odeur et le bruit des chiens demandent que le chenil soit construit à une assez grande distance de l'habitation du maître. Pour vingt chiens, il aura 3 mètres dans un sens et 6 dans l'autre ; pour moins de vingt chiens, il sera réduit en proportion. Ces dimensions sont suffisantes, car si le chenil était trop grand pour le nombre des chiens, indépendamment de ce qu'il serait trop froid en hiver, ils prendraient l'habitude d'y déposer leurs ordures au lieu d'aller dans la cour.

La banquette sur laquelle ils coucheront aura 1 mètre de largeur et sera élevée de 33 centimètres au-dessus du sol; le devant et les côtés seront fermés par des planches à coulisses, afin qu'on puisse balayer dessous, et que les chiens n'y trouvent pas de retraite quand on veut les prendre malgré eux, ou leur donner la discipline. La banquette aura des bords de 16 à 17 centimètres d'élévation pour retenir la paille.

La porte sera placée au milieu du chenil, entre les deux croisées qui seront fermées au dehors par des volets. Au bas de la porte, il y aura pour le passage des chiens, une percée fermée par une planche à coulisse, qui se lèvera ou se baissera à volonté.

La cour aura une étendue suffisante pour que les chiens puissent y prendre leurs ébats; elle sera fermée par un mur ou une palissade de

2 mètres 33 centimètres à 2 mètres 66 centimètres
de hauteur. La porte de la cour sera au milieu,
vis-à-vis du chenil.

La cuisine des chiens sera en dehors de la
cour avec une entrée dans cette cour et une
autre à l'extérieur. Il est utile que la chambre du
piqueur soit au-dessus de la cuisine, pour qu'il
puisse entendre plus facilement ce qui se passe
au chenil.

Derrière le chenil, il y aura une place entourée
de palissades, pour y abattre les chevaux destinés à la nourriture des chiens, et au milieu de
laquelle se trouvera un tonneau percé, bien
enterré et bien couvert, qui recevra la viande découpée par morceaux. La viande ainsi placée et
couverte de terre ou de sable, se conserve bien
plus longtemps et sans odeur, même en été.

Le chenil et sa cour seront pavés en pierres.
Il est bon cependant de laisser une partie de la
cour couverte de gazon, afin que les chiens y
mangent à volonté du chiendent pour se rafraî-
chir.

Dans le chenil et dans la cour, on établira, pour l'écoulement des eaux et des urines, une rigole en pente, bien rejointoyée en chaux vive. En outre, on aura soin, pour la santé des chiens, de faire blanchir tout le chenil à la chaux, deux fois par an.

La meilleure paille pour liter les chiens est la paille d'orge, et surtout celle qui a servi à la litière des chevaux, parce qu'elle écarte les puces.

Quand les chiens n'ont pas à chasser, et surtout pendant tout le temps de la prohibition, le valet, après avoir fait la soupe et nettoyé le chenil, doit les promener aux endroits où ils trouveront à manger du chiendent ou des franges de blé ; cela les purge.

Pour les promenades, il aura soin de coupler toujours les mêmes chiens ensemble, et de ne jamais souffrir qu'ils passent devant lui. Il faut qu'il sache se faire obéir et que, sans brutalité, il soit sévère en temps et lieu. La parole suffit-elle pour obtenir l'obéissance d'un chien, le fouet devient inutile.

La bonne tenue au chenil et à la promenade est un point que j'ai toujours considéré comme très important pour assurer le bon service des chiens, et quand ceux-ci ont été habitués à une bonne discipline au chenil et dans leurs promenades, il est plus facile de les conduire au rendez-vous de chasse et de les rassembler après la chasse. Si le valet n'est pas au fait, le piqueur lui montrera tout ce qu'il doit faire sans cesser de le surveiller. Il faut qu'il y ait toujours des fouets pendus à la porte de la cour, pour s'en servir si un chien se conduit mal, surtout quand on entre au chenil.

Les chiens sont souvent échauffés, c'est la source de beaucoup de leurs maladies; le remède est un lavement de chiendent ou d'eau de son, au moyen d'une petite seringue qui doit toujours se trouver dans la cuisine. Comme mesure de prévoyance, on jette aussi de temps en temps de la fleur de soufre dans leur soupe, environ une cuiller à bouche pour six chiens. Il faut aussi avoir du savon noir pour leur donner des bains. Remplissez un tonneau d'eau tiède; jetez-y un kilogramme de savon pour vingt chiens ; remuez bien le tout avec un balai ; placez les chiens l'un après l'autre dans le tonneau, et frottez-les bien pendant quelques minutes avec une brosse de chiendent. C'est dans la cuisine des chiens qu'il faut faire cette opération ; et on y allume en même temps un bon feu, près duquel on étend une botte de paille sur laquelle on fait coucher les chiens pour les sécher ; on les reconduira ensuite au chenil. Cette opération se répétera trois ou quatre fois par an; surtout au mois de mai et d'août. On fait ainsi périr leurs puces, et ils sont tenus en santé.

Les chiens doivent être nourris avec du pain de blé de deuxième qualité, à raison de 625 grammes par chien pendant la chasse et de 500 grammes en temps de prohibition. Quand on emploie le pain d'orge, on peut y ajouter un quart de seigle ou de criblures de blé, et comme ce pain est moins nourrissant, chaque chien en aura un kilogramme ou 750 grammes si le pain d'orge est pur ; 750 grammes ou 500 grammes s'il est mêlé, en donnant la plus forte ration pendant le temps de chasse, et la plus faible pendant la prohibition.

Si vous nourrissez vos chiens avec de la viande de cheval, elle doit entrer pour moitié dans la ration, et être découpée en morceaux de 250 grammes environ.

Le pain de cretons, quand on en fait usage, doit être soigneusement moulu et bien bouilli dans la chaudière, autrement il pourrait échauffer les chiens et leur donner le roux-vieux dont la guérison est très difficile. Pour tremper la soupe, il faut, dans la cuisine, un tonneau avec un couvercle bien ajusté. Le premier ouvrage du valet de chiens est de mettre la viande ou le pain de cretons dans la chaudière pour y préparer la soupe ; pendant qu'il la fera bouillir, il balayera le chenil. La paille des chiens doit être secouée chaque jour, et changée tous les deux jours ; l'eau sera renouvelée tous les jours, car l'eau fraîche et pure est essentielle pour les chiens, en été surtout.

Lorsque le bouillon a suffisamment bouilli avec le pain de cretons, le valet de chiens le prend dans la chaudière pour le verser dans le tonneau sur le pain de blé de deuxième qualité qu'il y a préalablement coupé par morceaux, puis il couvre le tonneau pour que la soupe trempe bien. Si la soupe est trop épaisse au moment de la donner, c'est-à-dire, vers cinq heures du soir, il la rendra plus claire avec des eaux grasses.

Pour servir la soupe à vingt chiens, il faut deux auges ayant chacune 2 mètres de longueur, qui seront placées dans la cour, à la suite l'une de l'autre.

Afin d'être tranquille, il faut enfermer les chiens au chenil pendant qu'on met la soupe dans les auges. Pour la distribuer, on se servira d'un vase contenant une ration, et on mettra dans les auges autant de rations qu'il y a de chiens. Cependant, si on est en chasse, la ration ordinaire ne suffisant plus, on ajoutera quelques rations supplémentaires et même on fera la soupe plus épaisse. Dès que la soupe est dans l'auge, le valet ouvre la porte du chenil, et aussitôt la sortie des chiens, il la referme. Le fouet à la main, il surveillera le repas ; s'il voit un chien manger trop avidement, ou empêcher un autre de manger, enfin se conduire mal, il l'appelle d'abord par son nom d'un ton sévère ; si cela ne lui fait pas d'effet, il lui crie de se retirer, et, s'il n'obéit pas encore, il lui applique un coup de fouet.

Quand les chiens ont terminé leur repas, on dresse les auges contre le mur, pour qu'ils n'y fassent pas d'ordures.

Avant de rouvrir la porte du chenil, on laisse encore les chiens un quart-d'heure dans la cour, pour s'y vider. Il est bon qu'il reste un peu de soupe dans le tonneau, pour la distribuer le matin à ceux des chiens qui sont les plus maigres, ou qui viennent de se fatiguer dans une grande chasse.

Le jour où on a tué un cheval, il faut, après en avoir levé la viande, y laisser venir les chiens ; ils mangeront ce qui sera resté sur les os, et ils les rongeront aussi ; mais alors, le lendemain, on ne leur donnera que moitié de la ration ordinaire, et la soupe sera moins épaisse. Il faut avoir soin de ne pas mettre les chiens en chasse le lendemain du jour où ils auront mangé de la viande fraîche, car ils sont alors échauffés, et ils manquent de nez.

Les chiens ont naturellement besoin d'être purgés souvent ; c'est pour cela qu'ils mangent, quand ils le peuvent, du chiendent. Il est utile de les purger en automne et au printemps avec une cuiller de sirop de nerprun par chaque chien, en répétant la même dose pendant trois jours.

Maladies des chiens et traitement. — Les chiens sont sujets à un assez grand nombre de maladies, à l'égard desquelles il est presque toujours essentiel d'agir promptement ; aussi est-il indispensable d'avoir à sa disposition, dans le chenil même, une petite pharmacie contenant les remèdes les plus usuels, tels que :

Du gros sel ;

De l'alun calciné ;

De la fleur de soufre ;

Du sel de nitre ;

De l'eau-de-vie camphrée ;

De l'extrait de saturne ;

De l'huile fine ;

Du fort vinaigre.

Du baume du commandeur, parfait pour les blessures ;

De l'onguent de la mère ;

De l'aloès ;

De l'émétique ;

De la rhubarbe ;

De l'ail ;

Des fleurs de sureau et de camomille ;

De l'absinthe ;

De la guimauve ;

Et du vieux linge.

Je ne citerai que les principales maladies des chiens, qui sont :

La gale ;

Le mal d'intestins ou échauffement ;

Le coup de sang ;

La maladie des chiens ;

L'empoisonnement ;

Les vers ;

Le roux-vieux ;

La rage ;

Les blessures.

Gale. — Quand il y a beaucoup de chiens dans un chenil, il est. rare que la gale ne s'y déclare pas. Voici comment je m'en défais :

Si, à la visite que je fais chaque jour, j'aperçois quelques boutons suspects sur l'un des chiens, je le mets à part, et au moyen d'un couteau de bois, je frictionne jusqu'au vif la partie où sont ces boutons, que j'enduis du liniment mercuriel contre la gale en usage chez les pharmaciens. Je laisse ensuite s'écouler vingt-quatre heures, puis je donne, pendant trois jours, une boulette de soufre pétrie avec du saindoux pour faire bien sortir la gale ; je graisse alors au liniment trois ou quatre fois au plus ; enfin je passe le chien au bain de savon pour le nettoyer. Pendant les huit jours qui suivent, je ne lui donne qu'une nourriture rafraîchissante. Si je vois qu'il ne mange pas comme à son ordinaire, je lui donne un lavement à l'eau de son, passée dans un linge, ou bien je lui fais boire du petit lait; ne veut-il plus rien prendre, c'est preuve qu'il a une autre maladie que la gale; j'observe alors ce que ce peut être.

Mal d'intestins. — Souvent les chiens ont des maux d'intestins dont il faut les guérir. Je prépare dans ce but de la tisane au chiendent, une poignée par litre, et pour que le chien l'avale, je lui passe un morceau de bois en bâillon dans la gueule; je la lui ouvre en forme de cornet, en tournant la lèvre de la main gauche, tandis que de la droite je lui verse la tisane au moyen d'un arrosoir; je lui en fais avaler la moitié d'un verre chaque fois; je recommence les lavements et cette boisson plusieurs fois pendant vingt-quatre heures, jusqu'à ce que le chien se décide à manger une petite soupe au beurre.

Coup de sang. — La saignée est bonne quand on voit le chien devenir *darne*, c'est-à-dire, éprouver un coup de sang, et qu'il tombe ; elle n'est même bonne que dans ce cas, comme je l'ai souvent éprouvé.

Le cautère est indiqué quand le chien est maigre et qu'il a le poil hérissé, ce qui prouve l'échauffement. Je coupe alors un morceau de cuir de 4 centimètres de longueur sur 2 centimètres 5 millimètres de largeur, et j'y fais un trou au milieu avec un bistouri ; j'ouvre la peau du chien sous la poitrine, entre les deux jambes de devant, et je la lève avec le doigt. Le piqueur qui ne s'y entendrait pas se fera montrer l'opération par un vétérinaire. Le cautère doit être maintenu pendant trois semaines sans qu'on ait besoin d'y toucher, le chien par ses mouvements y suffisant.

Maladie des chiens. — Pour ce qu'on appelle la maladie des chiens, qui trop souvent exerce tant de ravages dans un chenil, j'ai recours au séton dès le début de la maladie, qui s'annonce par un écoulement du nez et des yeux; mais j'aime mieux ne pas attendre qu'elle arrive; je la préviens en vaccinant le chien dès l'âge de quatre mois, au-dedans de la cuisse, avec du vaccin médicinal.

Si le jeune chien tousse, je remplis de sel une cuiller à bouche, je lui ouvre la gueule pour y introduire ce sel et en même temps j'y verse ou y fais verser un demi-verre d'eau; ensuite je lui tiens pendant un instant la gueule fermée en lui passant la main sur la gorge pour qu'il avale bien; puis je laisse le chien libre; il vomit de suite et se trouve soulagé. Ce remède bien simple a l'avantage d'agir de suite; les autres laissent trop souvent à la maladie le temps de se développer, et alors elle devient presque toujours mortelle. Après cela, je renferme le chien, en lui donnant de l'eau ou du petit lait; je laisse un jour d'intervalle et je recommence, mais avec une dose de sel moins forte; s'il continue à tousser, j'ai recours à une troisième dose, mais moins

forte que la seconde, et après avoir attendu qua-
rante-huit heures ; puis je soumets le chien aux
rafraîchissements pendant quelques jours.

Empoisonnement. — Quelquefois, dans les
promenades ou à la chasse, un chien se trouve
empoisonné. Si on s'en aperçoit à temps, il faut
se hâter de lui faire avaler une bonne quantité
de lait sortant du pis de la vache. Par ce moyen,
j'ai un jour sauvé un de mes meilleurs chiens.

Des vers. — Les chiens ont assez souvent des
vers intestinaux qui les gênent beaucoup. L'absinthe ou la camomille avec de l'ail, bien bouillis
et bien réduits, sont un remède en boisson ou en
lavement.

Le roux-vieux. — Maladie fort tenace, et due,
ou à la mauvaise nourriture des chiens, ou bien
à ce qu'ils sont mal tenus au chenil, ou même
à ce qu'on ne leur fait pas prendre assez d'exercice. Mon traitement, c'est de saigner au cou

pour établir ensuite un cautère au-dessous de la poitrine. Pendant un mois, le chien ne prend qu'une nourriture légère, des boissons rafraîchissantes, et, de temps en temps, des lavements.

La rage. — Une fois que la rage est déclarée, je ne vois d'autre remède, si on ne veut pas tuer le chien, que de l'enfermer à part en mettant de l'eau à sa portée, et d'observer ce qu'il devient. On prévient la rage chez les chiens en leur renouvelant l'eau chaque jour, en hiver comme en été, et en évitant toute relation avec des chiens étrangers. Je dirai cependant que j'ai sauvé des chiens en les plongeant, immédiatement après la morsure, dans de l'eau froide et en les bouchonnant fortement pendant quelques minutes.

Blessures. — Les chiens reçoivent aussi des blessures à la chasse, notamment lorsqu'ils sont chargés par un sanglier. Dès qu'on a connaissance qu'un chien est blessé, il faut courir de suite auprès de lui pour l'empêcher de traî-

ner ses intestins. On passe les deux doigts dans
la plaie quand les boyaux sortent, et on ouvre au
bistouri la plaie plus grande pour que les boyaux
gonflés puissent rentrer à leur place; pendant
cette opération, il faut avoir soin de tenir le chien
renversé les pattes en l'air. Les boyaux sont tou-
chés et rentrés avec précaution; on les laisse glisser à l'intérieur par leur propre poids, et tout
naturellement, en ne tenant que les lèvres de la
plaie; il faut ensuite secouer légèrement le chien,
qui est resté dans la même position, afin que les
intestins reprennent leur place. Cette opération
terminée, on coud à gros points avec une forte
aiguille dans laquelle est passé du fil retors.

Lorsque le chien est rentré au chenil, le piqueur doit découdre cette première suture pour
laver soigneusement la plaie avec de l'huile
d'olive et du vin tiède, jusqu'à ce que la plaie
soit parfaitement nette et que le sang caillé ait
disparu; il fait ensuite une nouvelle suture à
points plus serrés, et le chien, en se léchant,
opère sa guérison. Au bout de vingt-quatre heu-

res la plaie commence à se cicatriser. L'opération est la même si c'est le foie qui est sorti, et, chaque fois, le chasseur le plus rapproché doit se rendre sans délai au secours du piqueur ; il est même très utile qu'un homme soit spécialement chargé de ce soin. J'ai toujours une personne avec moi, et c'est pour cela que je n'ai jamais été blessé.

Le chien propre à la chasse du sanglier, ne devient tout à fait bon qu'après avoir été blessé par lui et lorsqu'il en a mangé. Ces différents détails montrent que le piqueur est le chirurgien des chiens ; il doit donc toujours avoir sa trousse qui renferme des aiguilles, des lancettes, un bistouri, du cuir pour disposer un cautère, une aiguille pour passer le séton et du fil retors.

J'ai remarqué que le bout de la queue des chiens courants saigne souvent quand ils ont chassé dans les épines, c'est pourquoi je leur coupe toujours 4 centimètres de la queue. Je retranche la même longueur de la queue des chiens d'arrêt pour éviter pareil inconvénient.

PRODUCTION ET ÉLÈVE DES JEUNES CHIENS. —
Il ne suffit pas d'avoir des chiens, ni même de
les entretenir en bon état de santé, il faut aussi
penser à les renouveler pour le moment où ils ne
pourront plus faire leur service. Chaque race de
chiens offrant un genre de service auquel elle est
plus particulièrement propre, le chasseur a dû
étudier la race qui convient le mieux au genre de
chasse qu'il pratique, au pays qu'il habite, etc. ;
c'est dans ce sens qu'il doit diriger la production
dans son chenil.

Quand la chienne dont il a fait choix est sur le
point d'entrer en chaleur, les parties sexuelles
sont gonflées et au bout de quelques jours, on y
remarque une goutte de sang ; on l'enferme alors
soigneusement, et vingt-quatre heures après, elle
est en chaleur et reste en cet état pendant neuf
jours. Au bout de cinq jours on lui donne le
chien qu'on a également choisi, et on s'assure
si l'accouplement a eu lieu. Tout aussitôt après,
on retire le chien, mais on le remet le lendemain.
Cela suffit, à la fin de la chaleur surtout, et même

on peut se contenter d'une seule fois. La chienne restera enfermée pendant le reste du temps de la chaleur, et même encore trois jours au delà. Avec toutes ces précautions, on est certain d'avoir l'espèce qu'on veut. La chienne met bas au bout de soixante-quatre jours, et quelquefois de soixante-deux seulement. On lui laisse pendant vingt-quatre heures tous ses petits, pour qu'ils lui tirent le mauvais lait. Le lendemain, si on veut en garder deux, on en conserve quatre provisoirement ; huit jours après on n'en laissera plus que trois, et huit jours encore après on retirera le troisième. Ce moyen soulagera mieux la chienne et donnera d'ailleurs le temps de mieux choisir, les petits chiens étant plus développés. On gardera ceux qui ont les pieds les plus fins, parce qu'ils se fatigueront moins à la chasse, et la gueule plus allongée, parce qu'ils auront meilleur nez et même la dent plus aiguë. On laissera la mère libre d'aller à sa volonté trouver ses petits ou les quitter. Au bout d'un mois, on donne à manger aux jeunes chiens une fois par

jour ; à cinq ou six semaines, deux fois par jour ;
mais au bout de six semaines, on les retire tout
à fait de la mère dont ensuite, pendant deux
jours, on frotte les mamelles avec de la terre
glaise ou de la boue de meule sèche, qu'on
détrempe avec du fort vinaigre ; on la nourrit
peu, et de pain seulement, jusqu'à ce que le lait
soit tout à fait passé.

Élevez les jeunes chiens dans la basse-cour,
au milieu des volailles et des moutons ; ils s'habituent ainsi à n'y pas toucher ; mais à huit mois,
mettez-les au chenil.

Souvent les chiens, les braques surtout, ont
des chancres aux oreilles ; c'est une preuve d'é-
chauffement. Tout en soumettant le chien malade
aux rafraîchissements, voici comment je le guéris
de ce mal fort désagréable : une gousse d'ail,
deux coups de poudre à tirer, une cuiller à bouche pleine de sel, une cuiller à café remplie de
poivre, 60 grammes de litharge, du noir de fu-
mée, un peu de bon vinaigre ; le tout, bien broyé
ensemble, donne un onguent ayant la consis-

tance du saindoux. J'en prends avec les **deux** doigts, et, chaque jour, plutôt deux fois qu'une, j'en frotte les parties attaquées qui, au bout d'une semaine, sont séchées et guéries.

Pour les poux, je graisse avec de l'huile ; **pour** les puces, j'emploie le savon noir.

Souvent, quand ils ont chassé sur une **terre** durcie, soit par la chaleur, soit par la gelée, il survient aux chiens des ampoules aux pattes ; voici comment je les guéris : pour chaque chien, un blanc d'œuf et de la suie avec du vinaigre bien battus sur une assiette ; le soir, pendant trois ou quatre jours, j'y trempe les pattes malades ; elles s'endurcissent et le mal disparaît.

ÉDUCATION DES DIVERS CHIENS DE CHASSE. — 1° *Chiens courants.* — Si vous avez de jeunes chiens courants, apprenez-leur à bien marcher à la couple ; ils s'y accoutumeront mieux s'ils sont couplés avec des chiens faits. A la promenade, le valet sera derrière eux pour les habituer à suivre le piqueur ; s'ils sont trop difficiles, mettez-les à la chaîne pendant quelques jours. C'est le mois de mai qui convient le mieux pour les préparer à chasser. Il faut sortir dès le matin, qui est le moment du jour où l'on trouve le plus souvent le gibier sur pied et ses traces plus fraîches. Les jeunes chiens, soit d'eux-mêmes, soit par la voie de l'encouragement, se mettront facilement en chasse.

Quand on leur verra de bons commencements, on les fera chasser avec les vieux, qui achèveront leur instruction par leur exemple entraînant. Le grelot, qui n'effarouche en aucune façon le gibier, est fort utile pour faire retrouver le chien courant ; j'en conseille fortement l'emploi, car il protége en outre la vie du chien, en le défendant des coups de fusil.

2° *Chiens d'arrêt.* — Les chiens d'arrêt sont bien plus difficiles à dresser que les chiens courants, parce qu'il y a plus à exiger d'eux, tandis qu'il n'y a qu'à seconder l'instinct chez ces derniers. Voici ma méthode : l'éducation est complète quand le chien a passé successivement par les trois classes qui suivent :

PREMIÈRE CLASSE. — Le jeune chien ne sait encore rien ; je lui passe au cou un cordeau de 70 centimètres de longueur, que je tiens de court de la main gauche, et avec la même main je soutiens la mâchoire inférieure du chien. Je lui dis alors : *sur cul*, en appuyant, avec une certaine force, la main droite qui porte un fouet en bracelet, sur l'arrière-train du chien, suivant le plus ou le moins de résistance qu'il m'oppose. Quand le chien est sur le cul, je place ma main droite sur le dessus de son museau, en serrant la lèvre supérieure pour lui faire ouvrir la gueule et y introduire un morceau de bois de 3 centimètres de diamètre, sur une longueur de 12 à 15 centimètres, en lui disant : *tout beau*. Je passe alors de nouveau ma main droite au-dessus de la tête du chien, de sorte que mes deux mains exercent en sens contraire une pression sur ses deux mâchoires pour forcer le chien à garder le morceau de bois dans sa gueule ; puis avec une voix sévère, je lui dis, en lui avançant la tête et le corps en même temps vers moi : *apporte au maître.* Dans ce mouvement, il quitte bien entendu la position sur cul pour se mettre sur ses quatre pattes, et quand il s'est ainsi avancé forcément de deux à trois pas, je lui dis de la même voix sévère : *sur cul, lève la tête, tout beau ;* et je lui prends le morceau de bois en lui desserrant un peu les lèvres et lui disant : *donne au maître.* Je termine en lui faisant une petite caresse pour le récompenser de son obéissance.

Cette première leçon se répète deux ou trois fois par jour, jusqu'à ce que le chien ne laisse plus tomber le bois et ne remue plus la mâchoire.

Depuis le moment où le chien commence la première classe, il doit être maintenu à l'attache, qu'il ne quitte que pour aller à la leçon. La leçon finie, on le laisse sortir un instant, puis on le remet à l'attache en lui donnant à manger.

DEUXIÈME CLASSE. — Le chien se trouve dans un endroit fermé, il est placé sur le cul, comme dans la première classe, et il tient de même le morceau de bois ; je lui dis en l'appelant par son nom, au moment où il le reçoit : *tout beau*. Le cordeau est libre sur presque toute son étendue, et ma main gauche, au lieu d'être placée sous la mâchoire inférieure du chien, la laisse libre et tire le cordeau à une distance de 70 centimètres du museau, en remettant le chien sur ses pattes. Je dis sévèrement au chien : *apporte au maître*. Quand il a suffisamment marché en avant, à l'aide du cordeau que je rends de plus en plus grand, je le fais tourner autour de moi, et si je veux qu'il me donne le morceau de bois, je lui dis : *tout beau, sur cul,* avant de le lui prendre à la gueule, de la main droite, après ces mots : *tout beau, donne au maître ;* et plus le chien devient obéissant à cette manœuvre, plus j'augmente la longueur du cordeau qui, pour cette seconde classe du chien, ne doit pas dépasser 2 mètres. Ma leçon se termine toujours par une caresse. Après cela, je me promène avec lui dans l'endroit fermé où je lui fais suivre cette seconde classe, en l'appelant par son nom, et en cherchant à le faire venir près de moi; s'il refuse, je le tire par la corde en lui donnant des saccades et je le fais remettre sur cul. Je lui donne une petite caresse pour le récompenser de sa bonne conduite. Cette leçon se renouvelle deux ou trois fois par jour, pendant six jours, et même plus, s'il ne fait pas comme il faut.

TROISIÈME CLASSE.— Je tiens le chien à la diète pour ne lui donner à manger qu'après la leçon. Il a au cou un cordeau de 3 mètres 33 centimètres ; je lui jette un morceau de pain ; quand il l'a pris, je saisis le cordeau en lui disant : *apporte au maître.* S'il veut manger le pain, je l'attire à moi en lui parlant sévèrement, et même, s'il ne m'obéit pas, je lui applique un coup de fouet; s'il m'a obéi, je lui donne pour sa récompense un petit morceau du pain qu'il a apporté et je lui fais une caresse. Si, au contraire, il refuse de le

ramasser, je le lui mets à la gueule, en lui disant :
apporte au maître. S'il ne donne pas, je lui
serre les lèvres. Après le pain, je prends un os
autour duquel il reste un peu de viande. S'il l'a
bien apporté, je lui en donne. Quand je l'ai bien
habitué à ramasser, je jette, sans qu'il s'en aperçoive, un os ou un morceau de pain, et je lui
dis, en l'appelant par son nom : *cherche, apporte
au maître.* Cela lui donnera pour l'avenir l'intelligence de trouver la pièce de gibier qu'il n'aurait
pas vu tomber. Je suis sévère de parole quand il
me manque, mais j'ai la parole douce quand il
s'est bien conduit. C'est là pour moi l'éducation
au collier de force, car je ne me sers pas du collier à pointes de clous en dedans.

Fig. 2. — Chevalet.

Un autre procédé avantageux pour cette troisième classe, est celui du chevalet, *fig.* 2. Voici

comment j'en fais usage : je pose à terre un chevalet dont les branches s'élèvent de 12 cent. au-
dessus du sol, et s'adaptent à une tige de 20 cent.
de longueur ; le chien porte son cordeau de la
seconde classe, je lui appuie ma main droite sur
le dessus du cou pour lui faire baisser la tête vers
la terre jusqu'au chevalet ; quand la tête est sur
le chevalet, je saisis le chien par le museau, en
lui pinçant les lèvres de ma main gauche, dont le
troisième doigt pousse un peu le chevalet dans sa
gueule entr'ouverte, je lui dis, toujours avec sé-
vérité, en lui soutenant et relevant la tête de ma
main gauche, tandis que j'échappe la tête du
chien de ma main droite, qui ne retient plus que
le cordeau : *apporte au maître ;* ensuite, quand
le chien s'est avancé assez loin à l'aide du cordeau :
sur cul, tout beau, et avant de prendre le chevalet : *donne au maître.* Cette leçon qui doit être
répétée deux fois par jour, finit aussi par une
caresse.

Une observation de la dernière importance,
c'est qu'il ne faut jamais faire passer le chien

d'une classe à l'autre, sans que chacune d'elles soit parfaitement comprise dans son ordre. La troisième classe à elle seule dure aussi longtemps que les deux autres.

Lorsque le chien a suffisamment passé par les trois classes, et qu'il apporte franchement l'os ou le chevalet, je prends de nouveau le morceau de bois que je jette à terre, en lui disant : *apporte au maître !* S'il récidive, j'applique du fouet jusqu'à ce qu'il apporte le bois. C'est là, je le répète, mon seul collier de force, je n'en ai jamais eu d'autre, et n'ai pas trouvé un chien rebelle jusqu'au bout à mes leçons.

Le chien sait-il bien saisir et apporter le morceau de bois, comme pour l'os, je le jette sans qu'il s'en aperçoive et je lui dis : *cherche, apporte !* en le conduisant d'abord dans l'endroit où se trouve le morceau de bois. Petit à petit, j'éloigne de plus en plus le chien du lieu où est le morceau de bois, en lui disant toujours : *cherche, apporte !* Il finit par le trouver parfaitement, et, à l'ouverture de la chasse, cette habitude lui fera découvrir facilement les cailles et les perdrix tombées sans qu'il le vît.

Pour dresser un chien à aller à l'eau et à bien nager, il faut, en été, quand l'eau est douce, et dans un endroit où il a pied, lui jeter un morceau de pain, d'abord à 1 ou 2 mètres du bord, mais toujours où il a pied ; on éloigne de plus en plus le morceau de pain, jusqu'à ce que le chien se mette à la nage. Cette leçon, réitérée souvent avec une douceur persuasive, décide le chien à passer la rivière et à nager sans fatigue. Jamais un chien ne doit être jeté à l'eau, si l'on veut qu'il s'y élance de lui-même et qu'il s'habitue à nager.

Si je veux empêcher un chien de forcer l'arrêt, je lui tire, toutes les fois que l'occasion se présente, le gibier à terre devant le nez ; il comprend alors qu'il ne doit jamais forcer l'arrêt.

Il arrive quelquefois qu'un chien redoute la détonation du fusil ; mon remède consiste à tirer auprès de lui des coups de pistolet, souvent et à l'improviste. S'il y avait un exercice à feu, ce qui se présente fréquemment dans les villes de guerre, la leçon serait encore meilleure.

Pour faire un bon chien d'arrêt qui a déjà passé à toutes les classes, je m'occupe de lui depuis le 1er août jusqu'au 15 avril. Le mois d'août se passe à le faire apporter, afin de le préparer pour l'ouverture de la chasse. En septembre, je lui apprends à passer dans les empouilles, garennes, buissons, haies ; le chien doit toujours passer au bon vent, d'un côté de la haie, et le chasseur de l'autre, au mauvais vent. Il doit toujours avoir un grelot : quand on n'entend plus le grelot, le chien est en arrêt, le gibier s'est dérobé du côté du chasseur. Si le chien est bien commandé, pour la fin de septembre il saura passer dans les garennes, haies et buissons, en prenant toujours le bon vent ; il en fera autant dès qu'il apercevra un couvert.

Le chasseur n'oubliera jamais qu'il doit aussi tout employer pour faire prendre le bon vent à son chien, lorsqu'il se rend à la remise du gibier.

Au mois d'octobre, je chasse dans les forêts les

perdrix qui s'y sont retirées pour échapper aux dangers de la plaine et se mettre à l'abri des grandes chaleurs. Je trouve à la même époque les bécassines dans les marais et les canards aux étangs. En novembre, je tire les bécasses au cul-lever dans les forêts. Décembre et janvier amènent les canards aux rivières, les bécasses aux fontaines qui ne sont pas gelées, dans les forêts, et les bécassines aux ruisseaux qui serpentent à travers les prairies. Février fait revenir les canards aux rivières. En mars, quand le froid du commencement de ce mois retarde le passage, il a lieu en abondance à la fin du même mois et du 1er au 15 avril. Le chien d'arrêt trouve de nouveau les bécasses dans les forêts, les bécassines aux marais, les canards, marcanettes, sarcelles sur les rivières, et les pluviers et vanneaux dans les prairies où l'eau a débordé. S'il a gelé le matin, le gibier se laisse approcher plus facilement par le chasseur. C'est dans ces six dernières semaines que le chien d'arrêt finit son éducation, il apporte par principe tous les jours du gibier de toute espèce à son maître. On peut alors l'appeler un chien dressé, et pendant la seconde année, bien commandé, il ne passera pas les remises du gibier et ne fatiguera pas son maître.

Arrivé à sa troisième année de chasse, on peut en faire un limier et un chien d'attaque pour le sanglier et le loup.

Si vous vous promenez en voiture, à cheval ou à pied avec votre chien d'arrêt, il est essentiel de l'empêcher de courir la plaine, où n'étant pas surveillé, il contracterait de mauvaises habitudes qu'il apporterait à la chasse ; il faut l'assujettir à suivre les chemins.

Pour faire passer un chien de la théorie à la pratique, il est bon de le conduire en chasse d'abord avec un cordeau, et de lui faire ainsi connaître le gibier et l'apporter. S'il refuse de le prendre, on le lui met à la gueule en lui parlant, comme s'il n'avait pas encore passé par les trois classes. Souvent il s'amuse à serrer le gibier ; on le tire alors par le cordeau en lui parlant sévèrement ; continue-t-il, on lui donne une correction, et on lui fait apporter la pièce de gibier sans remuer la mâchoire, comme il faisait avec le bâton, l'os et le chevalet.

Ne négligez pas de tenir votre chien pendant la première année dans les leçons que j'indique. La deuxième année, vous le laisserez travailler librement tout en le surveillant ; il prendra de lui-même, avec plaisir, la manière de trouver le gibier et de manœuvrer comme il faut. J'ai eu des chiens auxquels je n'avais pas même besoin d'adresser la parole ; un signe suffisait à tout ce que je demandais d'eux. J'y trouvais deux avantages : le premier de ne pas effaroucher le gibier par la voix ou le sifflet ; le second, de pouvoir me servir pendant un certain temps encore d'un chien atteint de surdité pendant sa vieillesse.

Un chien d'arrêt dressé, après avoir passé par les trois classes, connaît la remise du gibier, et dès la seconde année récompense son maître des soins qu'il lui a donnés.

Voici, en résumé, les qualités qui constituent le chien d'arrêt parfait :

1° Apporter le gibier sans le fouler sous la dent ;

2° Venir s'asseoir devant son maître en levant la tête pour lui donner la pièce qu'il porte à la gueule ;

3° Rester aux pieds de son maître jusqu'à ce que le fusil soit rechargé ;

4° Ne forcer jamais l'arrêt ;

5° Ne pas courir la perdrix ou tout autre gibier qui vole, après le coup de fusil ;

6° Obéir au coup de sifflet, ou mieux encore au geste, pour se rapprocher quand il s'éloigne, et voir la direction qu'il doit suivre par l'indication de la main, au commandement : *passe par là !*

7° Trouver au mois d'octobre les perdrix dans les taillis, et indiquer leur arrêt par l'immobilité d'un grelot suspendu à son cou ;

8° Faire découvrir, fin d'octobre et pendant novembre, les bécasses en forêt et les bécassines au marais ;

9° Se jeter résolûment à l'eau au-devant du

canard ou de tout autre gibier aquatique, et revenir à la rive en apportant la pièce à son maître ;

10° N'approcher de la rive que derrière son maître et avec la plus grande prudence.

CHASSE AU CHIEN D'ARRÊT. — J'avais trois chiens d'arrêt, dressés par moi par principes : deux pour mon maître, afin d'en avoir un de rechange, et un pour moi. A l'ouverture de la chasse, mon maître donnait l'endroit où il voulait chasser, et nous convenions de la direction que nous devions suivre. A la fin du mois de septembre, mon maître ne chassant plus en plaine, je chassais seul, un jour au chien d'arrêt pour garnir le garde-manger, et le deuxième jour avec mon maître, au chien courant. Chaque fois que je parcourais la plaine avec mon chien d'arrêt, s'il se trouvait une mare ou un endroit marécageux, j'en faisais la visite pour m'assurer si je n'y trouverais pas une bécassine ; quelquefois, je rencontrais un lièvre dans les herbes qui croissent au bord de la mare ou dans les petits marais. Je re-

connaissais aussi par les piqûres et fientes, si les
bécassines fréquentaient cette mare, ces petits
marais ou un courant d'eau dans les prairies dont
l'herbe est suffisante pour la remise. J'avais soin
aussi d'examiner si je voyais dans la mare, des
plumes des canards qui venaient des étangs s'y
poser à la tombée du jour pour y passer la nuit,
et je cherchais un endroit commode où mon
maître pût venir les tirer à l'affût.

Avant de passer au garde-manger pour y vider
ma carnassière, je rendais compte à mon maître
du résultat de ma chasse.

Quand j'avais la plaine d'une commune, je reconnaissais les meilleurs endroits par les places
où les perdreaux et les cailles avaient gratté et
laissé des plumes, ce qui me perdait moins de
temps et m'était avantageux pour une autre fois.

Aux mois de novembre et décembre, à partir
des premières gelées, je suivais les ruisseaux dans
les prés, quand je chassais les bécassines. Dans
les grands marais, les plumes des canards et des
sarcelles me marquaient l'endroit où je devais

les attendre à l'affût après ma chasse faite. Jusqu'au moment des gelées, les canards et les sarcelles, sont le jour sur les étangs, et sortent le soir, à la brume, pour passer la nuit dans les marais et les mares. Dans la plaine, je les affûtais aussi le matin aux étangs.

Aux premières gelées, le premier jour, je suivais les petits ruisseaux des petites prairies, où il y avait des endroits recouverts d'herbes, qui n'étaient pas gelés. Je chargeais un coup de mon fusil de n° 9 pour les bécassines, et l'autre de n° 4 ; souvent il me partait un lièvre dans les herbes sur le bord du ruisseau.

Le deuxième jour, je recommençais la même tournée que j'avais faite la veille, mais connaissant les remises, je perdais moins de temps. Je ramassais le reste des bécassines que j'avais laissées la veille.

Toujours tenir son chien d'arrêt près de soi ; laisser traîner le grand cordeau qui sera arrêté par un nœud pour ne pas lui serrer le cou. Chaque fois que le chien avance trop devant son maître, il met le pied sur le cordeau qui l'arrête. Le chasseur doit toujours avoir son fouet de chien d'arrêt ; le manche de celui-ci aura 33 centimètres de longueur, et la mèche la même longueur, avec une courroie tenant au manche. Le fouet est suspendu au poignet de la main gauche, pour maintenir le chien dans cette chasse et réussir à lui faire apporter du gibier.

Le troisième jour de la gelée au bois, la bécasse arrive aux fontaines qui ne sont pas gelées ; j'y vais deux jours de suite, toujours tenant mon chien à quelques pas devant moi. Ce sont des bécassines et bécasses qui veulent passer l'hiver dans cette position-là ; on en voit plus qu'au repassage du mois de mars.

Après mes deux jours de chasse aux bécasses au bois, je chasse les canards un jour aux rivières, toujours en tenant mon chien d'arrêt derrière moi ; un autre jour, je chasse le chevreuil ou le lièvre au chien courant ; un autre jour, je chasse au sanglier avec les chiens désignés pour cette chasse et qui sont découplés sur la brisée.

Au repassage des canards par les grands dégels de février, ils se mettent dans les grandes eaux. J'avais mes bottes qui montaient jusqu'à l'enfourchure, et ma blouse imperméable par tous les plus mauvais temps. C'est là qu'on réussit le mieux, le canard se méfie moins, et tout le gibier de passage en général. Je m'affûte au milieu des eaux ; le soir ou le matin à la pointe du jour j'étais à l'affût ; les canards changeaient de position. L'affût du matin est plus avantageux que celui du soir ; le soir, la nuit arrive, il fait trop obscur ; le matin, au contraire, le jour vient.

Vers le 10 de mars, je commençais à chasser la bécassine et souvent je trouvais pluviers et vanneaux. Quand je voyais par les plumes qu'ils y laissaient, un endroit convenable pour y rester à l'affût le soir après ma journée de chasse, je m'y rendais. Un autre jour, j'allais aux bécasses à la forêt : j'avais soin de visiter les mares où il y avait de l'eau, surtout quand la lune donnait le soir. Si j'y voyais des plumes, j'allais m'y mettre à l'affût, chaque coup de fusil j'abattais mon canard ; j'allais deux fois au même affût.

Si je connaissais une autre mare fréquentée par les canards, je m'y rendais le soir quelques jours après. Je passais au marais ; si j'y voyais du nouveau, je recommençais l'affût ; au bois, le canard est moins méfiant.

Sur la fin de mars, les canards et les sarcelles, se mettent au bois le jour ; on peut les affûter le matin. La bécasse prend ses positions pour nicher pendant les derniers jours de mars ; les canards, sarcelles, bécassines, et tout le gibier de passage après le 15 avril. Tous les jours, à la rentrée de mes chasses, j'en rendais compte à mon maître ; je lui disais l'endroit du rendez-vous.

Je sortais tous les jours les trois chiens d'arrêt les uns après les autres ; deux limiers les uns après les autres ; les chiens courants pour les sangliers, chiens courants pour chevreuil et lièvre. Aussi savait-on où il fallait aller pour trouver toute espèce de gibier.

Le gibier de passage reste posé à l'avantage du chasseur, et il est moins méfiant par le mauvais temps.

3° *Limier*. — Le limier est l'auxiliaire indispensable du piqueur. Quand on a un bon limier, de la bonne volonté, de l'intelligence et de la pratique, on devient toujours bon piqueur.

Pour faire un limier, prenez un chien de trois ou quatre ans, n'importe l'espèce et même la taille, qui chasse le sanglier, mais sans donner de voix de rapproche. Voici comment on le dresse à détourner et à remettre : un jour où il sera tombé de l'eau la veille, et non pendant la nuit, le piqueur ira à la forêt où il sait que se trouvent des sangliers. En y entrant, il mettra au cou de son chien un cordeau long de 4 mètres, et puis il lui dira : *passe devant !* Il aura pour faire marcher le chien un fouet, fait exprès, de 65 centimètres de long, mèche comprise ; il choisira un sentier ou chemin boueux sur lequel on peut revoir des traces ; si le chien veut entrer au bois sans que le piqueur ait remarqué des traces qui y conduisent, il lui donne une saccade avec le cordeau ; s'il se rabat sur une trace de lièvre ou de renard, il lui donne, pour le rebuter, la même saccade ; le chien apprend par là qu'il ne doit pas s'occuper de ce gibier ; mais quand le piqueur a trouvé la rentrée d'un sanglier ou d'un loup, il la suit avec le chien et il fait environ cent pas dans le bois ; il retourne ensuite sur la trace et il fait rabattre le limier sur le contre-pied de l'autre côté du chemin. Le piqueur agit ainsi pour faire goûter la voie par le limier ; ensuite, il prend le devant de la voie par un autre chemin, et quand il l'a retrouvée, il agit encore de même. Si le piqueur peut remettre le sanglier dans une enceinte, il la perce à trait de limier jusqu'à ce qu'il ait fait lever le sanglier ; cela animera le chien. Pour apprendre au limier à bien connaître les ruses du sanglier et à bien travailler, il faut souvent percer avec lui les grands taillis. C'est quand il est suffisamment instruit qu'on lui met la *botte,* collier de cuir de 8 à 10 centimètres de

large, *fig.* 3, auquel on attache un cordeau
de 4 mètres de long. Cependant, pour l'empêcher
de devenir paresseux, il faut, de temps en temps,
le découpler sur le sanglier et le faire chasser
avec les autres chiens.

Fig. 3. — Botte de Limier.

On doit prendre un chien qui ait deux ans de
chasse pour faire un limier, et choisir le meilleur
de la meute, celui qui connaît les ruses du gibier.

Souvent, pour se bauger, le sanglier suit un
chemin, puis revient sur son contre-pied, pour
rentrer dans l'enceinte, c'est-à-dire au rembûchement. Le limier, qui sent la ruse du gibier, se
retourne et donne la rentrée au bois, qui s'appelle la bonne brisée.

Par la neige, le vrai piqueur prend son limier,
s'il n'est pas entièrement dressé, pour lui donner

de bonnes leçons, en lui faisant suivre la trace et redresser les rembûchements.

Il faut faire les bois, c'est-à-dire la reconnaissance, la veille de la chasse. Le piqueur prend son valet de chiens, pour que celui-ci connaisse les bois et les rendez-vous, et apprenne à conduire le limier. Le soir arrivé, le piqueur rend compte à son maître de l'endroit où il a connaissance des sangliers. Le rendez-vous est fixé pour onze heures du matin. Le jour de la chasse, il prend un homme qui connaisse bien les bois pour aller au rapport et pour conduire les chasseurs à un autre rendez-vous plus rapproché de la brisée. Pendant que cet homme amène les chasseurs, le piqueur, sans perdre de temps, fait sa brisée d'attaque.

RACES DE CHIENS LES PLUS PROPRES A LA CHASSE. — C'est à l'absence des éperons ou onglets aux pattes de derrière qu'on reconnaît la pureté de race des chiens, tant ceux courants que ceux d'arrêt. Attachez-vous à la race pure, car pour tant faire que de dépenser son temps et son argent à élever un chien, il faut du moins avoir des garanties de sa bonté.

Chiens courants. — Pour chasser le loup, le chien courant le plus convenable, c'est le chien

Fig. 4. — Chien normand.

normand, qui est celui des grands équipages ; par sa grande taille, par sa forte voix, il intimide le loup, et même il lui fait perdre de ses moyens ;

si on a un relai, le loup est tué ou forcé. Les chiens courants anglais dont la race a été formée par le chien normand croisé avec le lévrier qui a du nez, chassent très bien, surtout le chevreuil, et même sans relai, ils le forcent en une heure ; mais ils ont moins de voix, ce qui, dans les grandes forêts, expose le chasseur à perdre la chasse.

Le chien du Poitou est dur, d'une bonne taille et d'une voix assez forte ; il résiste mieux au froid et aux fatigues de la chasse que le chien normand, et surtout que le chien anglais. C'est avec lui qu'on chasse le mieux le sanglier et surtout les bêtes de compagnie. Au ferme, il montre beaucoup d'ardeur, de courage et de persistance.

Le chien ardennais est de moyenne taille, robuste et d'un bon pied ; il a la voix peu forte et cependant chaude et sonore ; il a le mérite de ne pas trop inquiéter le gibier ; il est surtout propre à la chasse du lièvre et du renard ; cependant, il ne force pas souvent.

Les corneaux ou métis du chien courant et du chien d'arrêt sont avec avantage employés à la chasse des gros sangliers; ils ont plus de nez que les mâtins sur les voies froides, et ils donnent des voix de rapproche : ils attaquent franchement le sanglier à la bauge, lui tenant ferme jusqu'à ce qu'il se mette sur pied; après, ils le suivent et ils le chassent longtemps.

Les mâtins sont, en général, des chiens de garde des bêtes à cornes, ce qui les a accoutumés à la hardiesse et à mordre. On ne les découple qu'après l'attaque par les corneaux, parce qu'ils ont peu de nez, mais c'est sans hésiter qu'ils suivent le sanglier lancé ; s'il fait ferme, ils le coiffent quand ils se sentent soutenus par le piqueur. Cependant, aux corneaux et aux mâtins, il est bon de joindre des roquets, surtout des carlins bâtards, espèce hargneuse et méchante. Au ferme, dans des endroits fourrés, ils ont plus de retraite que les gros chiens, et même ils les y soutiennent.

C'est la réunion des corneaux, des mâtins et

des roquets qui constitue et complète la vraie, la bonne chasse du gros sanglier aux mâtins.

Chien d'arrêt pour la plaine et le marais. — Les meilleures races de chiens d'arrêt sont les griffons, les braques et les chiens anglais. Les épagneuls leur sont inférieurs parce que, s'échauffant trop vite à cause de leur poil épais, ils perdent facilement de leur nez. Les griffons et demi-griffons résistent aussi bien au froid qu'à la chaleur; ils sont d'une santé robuste, et conviennent plus particulièrement à la chasse au marais, sur les rivières et étangs, où ils nagent bien. Les braques sont ceux qui chassent le mieux en plaine; ils ont bon nez, mais, trop ardents, ils donnent plus de peine au chasseur. Les chiens anglais sont délicats; ils ne peuvent endurer le froid et ils refusent d'entrer dans l'eau, même en été; en outre, ils ne rapportent que difficilement, et ils ont la dent dure, ce qui nécessite le collier de force; mais ils sont très vites, ils ont le nez très fin, et ils arrêtent de bien plus loin

Fig. 5. — Griffon.

Fig. 6. — Braque anglais.

que les autres chiens. C'est dans les plaines cou-
vertes de bruyères ou de genêts qu'ils font le
meilleur service. Tout bien considéré, ce sont
les chiens griffons, ou plutôt demi-griffons que
je préfère, parce qu'ils sont plus durs, et qu'on
les emploie à tout, même à attaquer le sanglier
et quelquefois le loup.

§ IV

Le Fusil; précautions à prendre.

Un bon chasseur doit, le moins possible, changer de fusil. Je tiens à mon pauvre vieux de cinquante-cinq ans dont j'ai l'habitude ; je connais ses défauts et ses qualités ; aussi, je ne l'échangerais pas pour un neuf, si beau qu'il puisse être.

Si, depuis plus d'un demi-siècle que je n'ai cessé de faire usage du fusil, il ne m'est jamais arrivé d'accident, ni sur moi ni sur les autres, grâce à Dieu, c'est parce que, me méfiant des armes à feu, j'ai toujours été prudent ; mais de combien d'imprudence et même de malheurs n'ai-je pas été témoin ! Ainsi, dans une chasse au sanglier, j'ai vu un père tué par son fils !

Vétéran de la chasse, je ne saurais donc trop

recommander les précautions aux jeunes chasseurs. La première doit s'appliquer à l'état du fusil. J'ai pu conserver si longtemps le même fusil, parce que je l'ai toujours soigné et convenablement chargé. Chaque soir, en rentrant de la chasse, j'examine bien son état, je l'essuie partout et le place dans un endroit chaud où il séchera ; le lendemain, j'y passe la pièce grasse.

A la chasse en plaine ou au marais, je marche en tenant des deux mains en avant mon fusil armé ; indépendamment de ce que cette position me permet de mettre plus vite en joue, elle m'offre l'avantage de ne pas inquiéter mon voisin de gauche si je ne chasse pas seul. Quand, en plaine ou au marais, je tue une pièce de gibier et qu'il me reste un coup, je désarme avant de prendre la pièce tuée à la gueule du chien.

A la chasse aux chiens courants, si j'ai tué ou fait forcer, tout aussitôt je désarme, et je crie à l'hallali pour appeler les autres chasseurs. A leur arrivée, je les prie de désarmer aussi, car, dans ce moment de précipitation, surtout s'il s'agit d'un sanglier à achever, un accident peut très bien survenir, et j'en ai vu...

A la chasse sur un étang ou une rivière, il ne faut pas oublier que le plomb qui ricoche en touchant l'eau obliquement peut devenir dangereux pour un voisin, si l'on n'a pas calculé cet effet en tirant.

Ne jamais tirer sur les chemins, parce qu'un plomb qui a touché une pierre ricoche et peut aller blesser quelqu'un ; on ne tirera qu'avant ou après les chemins.

CHAPITRE III

CHASSES DIVERSES

———

SECTION Iʳᵉ. — ANIMAUX NUISIBLES

§ Iᵉʳ

Le Sanglier.

Je m'occupe d'abord de la chasse du **sanglier**, parce qu'elle est, selon moi, la plus intéressante de toutes, ne fût-ce qu'à cause des dangers qu'y courent les chiens et les chasseurs eux-mêmes, mais seulement quand il leur manque l'expérience, le sang-froid et la prompte décision; car moi qui, en ma vie, ai bien tué, soit à coup de fusil, soit de mon couteau de chasse, trois cents sangliers dont beaucoup étaient très redoutables je n'en ai cependant jamais été blessé. Quand je voyais qu'un gros sanglier arrivé sur ses fins allait devenir dangereux pour mes chiens, voici comment je m'en débarrassais : si, blessé, il prenait encore fuite devant les chiens en faisant ferme de temps en temps, je lui tirais mon premier coup à balle en dessous de l'épaule ; si, fortement blessé, il ne pouvait plus prendre fuite et néanmoins était encore trop dangereux, je m'en approchais avec précaution, et je le tirais sous l'oreille ; souvent alors il me chargeait moi-même, et je le tirais au front ; mais si je jugeais qu'il n'était plus trop dangereux, je commandais à mes chiens de le coiffer ; dès qu'il l'était, passant bien vite derrière lui, je l'achevais d'un saut, saisissant en même temps ses deux oreilles, et puis, l'échappant de la main droite, je le saignais à la gorge avec mon couteau-poignard comme on fait pour un cochon. Une fois qu'on est sur le sanglier, il ne peut plus blesser comme si on était à côté. Tout aussitôt la mort, je coupais les *suites*, parce qu'autrement le sanglier n'aurait pas été mangeable, et puis je faisais la curée.

Après cela, je devais immédiatement m'occuper des chiens blessés. Souvent j'ai vu avec
admiration et pitié ces pauvres bêtes, les boyaux

Fig. 7. — Sanglier porté bas.

sortis du corps et pendants jusqu'à terre, s'achar-
ner encore au sanglier. Les vieux chiens blessés
se laissent opérer et panser sans faire un mouvement ; on dirait même qu'ils vous remercient.

J'ai pour cela toujours sur moi ma trousse, du fil et du linge ; je me sers même quelquefois de mon mouchoir si le chien est fortement décousu.

La curée doit être faite aussitôt après la mort du sanglier ; on coupe même ses *suites* quand il tressaille encore : c'est la première opération. On le fend en deux longitudinalement sur le ventre pour en extraire le foie et le reste des intestins qui ne doivent plus y rentrer. Le corps doit être parfaitement nettoyé pour que la venaison soit bonne, quand même il s'agirait d'un vieux sanglier.

Le sanglier passe sa journée dans le plus épais des forêts, préférant les lieux humides au milieu desquels il établit sa bauge qu'il quitte le soir ou seulement dans la nuit, pour aller en forêt ramasser des fruits sauvages, fouiller aux racines et vermiller. Bien souvent aussi, il sort la nuit, plus ou moins tard selon les saisons, pour se jeter dans les récoltes qu'il ravage sans ménagement. Alors, c'est un animal véritablement malfaisant qu'il faut détruire par tous moyens. Si la nourriture lui manque dans un pays, ou bien s'il s'y sent trop poursuivi, il passe à un autre souvent très éloigné. Seule de toutes les femelles des animaux, la laie chassée ne retourne pas à ses marcassins; ce sont ceux-ci qui, si jeunes qu'ils soient, vont la rejoindre en prenan sa piste dès qu'ils n'entendent plus le bruit de la chasse. Je suis certain de ce fait étrange pour l'avoir bien des fois remarqué. Il faut donc rester au poste où la laie est passée, pour y attendre les marcassins.

Chaque fois que l'enceinte peut être entourée par les chasseurs, si l'attaque a lieu sur une troupe de bêtes de compagnie, elles éventent les chasseurs; quelques-unes et quelquefois même une seule, sont suivies par les chiens; mais une demi-heure après que l'enceinte est vidée, le reste de la troupe se rallie, suivant la direction de la chasse.

Le sanglier est *marcassin* jusqu'à quatre mois, — *bête rousse* de quatre à huit mois, — *bête de compagnie* de huit mois à deux ans, — *ragot* ou vrai sanglier de deux ans à trois. Alors, il va seul et il est très dangereux pour les chiens. De trois à quatre ans, il est *tiers-ans*, — de quatre à cinq ans, *quartanier*, — après cinq ans, il passe vieux sanglier ou *solitaire*. On juge de la taille, du sexe et même de l'âge du sanglier à la trace ou empreinte du pied ; ainsi, la laie a le pied de devant mince, et à celui de derrière, les pinces sont plus écartées ; le ragot a le pied un peu plus épais avec des pinces effilées. — RÈGLE GÉNÉRALE : les vieux sangliers se reconnaissent à la plus grande épaisseur du pied, à l'usure et au raccourcissement des pinces ; plus ils ont d'âge, plus le pied est épais et court. On juge aussi de la taille et de l'âge à l'impression de la hure aux boutis, ou trous qu'ils font dans la terre lorsqu'ils fouillent aux racines et aux vers, ou bien par la largeur et la profondeur du lit à la bauge, ou enfin par le plus ou moins de grosseur des laissées.

Si le sanglier a une mauvaise vue, il en est dédommagé par une grande finesse d'ouïe et

d'odorat ; il est très défiant et même très rusé.
On le chasse de plusieurs manières : il y a
d'abord la grande chasse avec des équipages en
règle ; il y a la chasse aux mâtins ; il a y aussi la
battue. Je puis parler de toutes pertinemment,
car je les ai très pratiquées. Mais, pour toutes
ces chasses, il faut d'abord détourner et remettre.
Ayant expliqué au § II du piqueur, page 19, comment cela se pratique, j'y renvoie le lecteur. Le
piqueur qui sait que le sanglier se tient ordinairement dans les endroits des bois les plus fourrés,
doit commencer par faire la lisière des vieux
taillis pour trouver la voie qui rentre dans les
taillis plus jeunes. Le sanglier ne fait ordinairement dans ces taillis que deux enceintes, trois
au plus, et puis il se remet à la bauge. Le piqueur refait les sentiers pour détour au plus près
possible, et ensuite, il se retire après avoir fait
la bonne brisée.

CHASSE DU SANGLIER AUX CHIENS COURANTS A PIED
OU A CHEVAL. — Ne donnez aux chiens courants

que les bêtes de compagnie; gardez les gros sangliers pour les mâtins, car, s'il y a danger, il vaut mieux ne compromettre que les chiens qui ont le moins de valeur. D'ailleurs, les mâtins savent toujours mieux que les chiens courants, faire retraite et se garantir quand ils sont chargés par les gros sangliers.

Au moment fixé pour l'attaque, le piqueur place le valet à cent pas de la brisée avec les chiens non encore affranchis, tenus par lui couplés, mais préparés à être facilement découplés aussitôt qu'il aura entendu l'attaque. Il est bon aussi que le piqueur ait envoyé un relai de chiens du côté d'où est venu le sanglier; il en a eu connaissance en faisant la quête. Les chasseurs ont été placés autour de l'enceinte; il y en a aussi au grand passage, c'est-à-dire, à la brisée d'attaque; ils s'y tiendront tant qu'ils n'auront pas acquis la conviction que le sanglier, débûché de l'enceinte, a pris une autre direction.

C'est seulement après toutes ces précautions qui assureront le succès de la chasse, que le piqueur doit découpler à la bonne brisée, c'est-à-dire, la plus rapprochée de la bauge. Dès qu'il a entendu l'attaque, le valet découple aussi ses chiens. A l'attaque, le piqueur sonne tout aussi-

Fig. 8. — Sanglier lancé.

tôt la fanfare du *lancé*, puis celle du *sanglier*, ensuite, et chaque fois qu'il arrivera devant la chasse, il sonnera des *bien allé*, tant pour apprendre aux chasseurs que la chasse continue régulièrement, que pour faire retourner le sanglier. Quand le sanglier a débûché de l'enceinte, les chasseurs qui l'entourent doivent suivre la chasse le plus promptement possible, afin de regagner et courir aux passages connus. Quand le sanglier quitte la forêt, le piqueur sonne le *changement de forêt* et, de temps en temps, le *bien allé* ou la *vue.* Si le sanglier traverse une rivière, le piqueur sonne l'*eau;* s'il entre dans un étang, le piqueur prend le devant, sonne et ressonne l'*eau,* en se portant vivement tout autour de l'étang pour empêcher le sanglier d'en sortir, et donner aux chasseurs ainsi qu'à la meute le temps d'arriver. C'est le moment le plus intéressant de la chasse ; aussi tous les chasseurs doivent-ils se précipiter pour assister au dernier combat du sanglier, à sa mort, et voir la curée.

Les chasseurs se hâteront d'entourer l'étang ; on laisse arriver tous les chiens qui se jettent à l'eau ; le sanglier se défend de son mieux ; les chasseurs tirent et on va chercher dans l'étang la bête tuée. Après, on sonne l'*hallali* et on fait la curée. Mais si le sanglier n'a pas à trouver d'étang ou de mare dans sa grande fuite, c'est dans un fourré qu'il fait ferme aux chiens. Le piqueur doit gagner au plus vite cet endroit où il sonnera des *fermes* jusqu'à l'arrivée des chas-

Fig. 9. — Sanglier faisant ferme.

seurs. Quelquefois, cependant, les chasseurs ont perdu la chasse; la nuit arrive; il ne faut pas s'exposer à voir blesser les chiens inutilement, ou même à laisser échapper le sanglier qu'on tient. Alors, le piqueur ne sonne plus; il descend de son cheval qu'il attache à une branche, tue le sanglier et en fait la curée.

Lorsque le temps est sombre et mauvais, ou le vent violent, et quand il y a des rafales de neige sur le bois ou une pluie abondante, les sangliers font ferme à chaque instant. Les fermes sont, au contraire, d'autant plus rares, que le temps est calme et serein. Le chasseur qui va au ferme doit toujours appuyer les chiens pour leur donner confiance d'être secourus. Il faut toujours tirer le sanglier au ferme, quand il se retourne, en lui plaçant la balle au défaut de l'épaule, dans les côtes supérieures. S'il charge sur vous, il faut lui planter la balle au milieu du front ou mieux entre les yeux.

CHASSE DU SANGLIER AUX MATINS. — Les mâtins n'ayant pas le nez des chiens courants, il faut avec eux remettre de tout près pour attaquer. L'enceinte étant entourée, le piqueur y entre pour appuyer ses mâtins et leur donner confiance, car, s'ils ne se sentaient pas forts de la présence et de l'appui de leur maître, bien souvent, surtout quand ils savent qu'ils vont avoir affaire à un gros sanglier, ils n'attaqueraient que timidement et même pas du tout, parce qu'ils redoutent naturellement l'animal.

Les plus gros chiens ne sont pas toujours ceux qui s'affranchissent le mieux de cette terreur ; je dirai même que ce sont les petits qui, dans les endroits les plus dangereux, soutiennent les gros, parce que les petits, quand ils se voyent chargés, trouvent plus facilement retraite ; mais il est bon d'avoir les uns et les autres.

Les mâtins ne fournissant guère de voix, il faut toujours poster les tireurs à l'enceinte. Cependant, s'il y a quelques tireurs de trop, on fera bien de les placer en deuxième ligne au grand passage où ils se tiendront en attendant comme je l'ai déjà dit.

Un valet doit également se tenir à quelques pas de la brisée pour découpler, dès l'attaque. les chiens non encore affranchis. Les mâtins bien dressés profitent du passage de la bête dans les parties claires de la forêt pour la saisir aux oreilles, ou aux testicules, seuls endroits par lesquels on peut l'arrêter. Souvent le sanglier dans sa fuite fait ferme et repousse les chiens jusque sur le piqueur. S'il s'agit d'un sanglier dangereux, le piqueur n'a pas à exposer inutilement la vie des chiens; il faut qu'il arrive au plus vite pour les soutenir, qu'il tue le sanglier et de suite qu'il en fasse la curée. C'est la curée qui est la récompense des chiens; si on la leur donne franchement, ce sera les encourager à se conduire de mieux en mieux dans les nouvelles rencontres. Il m'est arrivé bien souvent, ayant perdu la chasse, de retrouver mes mâtins qui, comptant sur moi et sur la curée, faisaient ferme depuis deux heures. Aussitôt qu'ils me voyaient, ils s'élançaient et je tuais. J'avoue que cette chasse aux mâtins est dédaignée par les chasseurs à grands équipages, qui même l'appellent un braconnage; mais nos chasseurs ardennais l'aiment bien, parce que c'est celle qui fait rapporter le plus de gibier à la maison. D'ailleurs, contre les ennemis publics tels que le sanglier et le loup, tous les moyens ne sont-ils pas bons?

BATTUE EN TEMPS PROHIBÉ. — Pour conserver les blés et les seigles des communes qui sont voisines des forêts, le maire de chaque commune doit faire à l'avance une demande de trois battues à la préfecture, pour être autorisé à les commander du 1er juillet jusqu'à l'ouverture de la chasse, le cas échéant. Les vieux sangliers commencent les premiers à donner aux seigles d'abord et ensuite aux blés ; les troupes viennent après eux. Le garde-champêtre, à partir du 1er juillet, suivra la lisière de la forêt bordant les seigles et les blés, et dès qu'il s'apercevra que le sanglier y a commis des dommages, il en préviendra le maire, qui prendra les mesures nécessaires pour se procurer le lendemain des traqueurs pour l'heure de midi.

Le piqueur fait les bois avec son limier dans les parties voisines de l'endroit où les sangliers

ont commis des dégâts, et il arrive avant midi. S'il a fait sa brisée, les tireurs sont postés et les traqueurs foulent l'enceinte. Le piqueur a soin de conserver son limier pour remettre un sanglier blessé dans une autre enceinte.

Le garde-champêtre continuera à faire la lisière de la forêt tous les matins jusqu'à l'ouverture des chasses. Les adjudicataires des chasses des forêts chasseront ensuite les sangliers qui font des dégâts dans les avoines et les pommes de terre. Le propriétaire devra se plaindre, aux chasseurs voisins, de ses récoltes endommagées par les sangliers.

Battue aux sangliers.— Pour exécuter ces battues, ainsi que toutes celles contre les autres animaux malfaisants, il faut surtout profiter des temps de gelée et de neige, parce qu'alors, le gibier marche mieux devant les traqueurs, et qu'on le sait remis de préférence sur les côtes exposées au midi, au milieu des houx, bruyères, épines, genêts, etc., qui l'abritent du froid et du vent; mais, pour ne pas déranger inutilement un grand nombre de personnes, et même les rebuter pour plus tard, ne faites pas de battues sans avoir auparavant acquis la certitude de la remise en une enceinte; détournez donc comme j'ai expliqué. Ne placez les tireurs qu'à bon vent, sur les chemins ou sentiers qui bordent l'enceinte à fouiller, et tous bien en ligne, afin que l'un d'eux ne soit pas exposé à recevoir un coup de fusil. On doit même toujours ne tirer que dans l'enceinte ou en rentrant derrière, c'est-à-dire, au débuché et au rembuché, mais jamais sur les chemins, à cause des ricochets. Rien n'est dangereux comme une battue mal organisée; j'y ai vu plus d'une fois de graves accidents. Il est utile de laisser aussi quelques tireurs derrière les traqueurs, parce que souvent, pour une cause ou une autre, le gibier rebrousse, surtout le sanglier. Les traqueurs feront même bien d'avoir avec eux quelques roquets qui, s'écartant peu et donnant de la voix, les aideront à faire lever le gibier et aussi préviendront les tireurs. Pour retrouver la bête

qu'on aurait la preuve d'avoir fortement blessée,
il est bon encore d'avoir en réserve un vieux
chien avec un grelot ; si, découplé, il trouve l'animal mort, et ne dit rien, on l'apprend au son du
grelot et on s'y rend.

Le Loup.

Le loup, à sa naissance, est louveteau jusqu'à quatre mois ; de quatre mois à six, il est louvart ; ensuite, il est loup proprement dit ; après deux ans, il est vieux loup. La chasse du loup est très intéressante, parce que, s'agissant d'un animal essentiellement nuisible, on éprouve toujours, en le détruisant, la satisfaction d'avoir rendu un service à la société. D'ailleurs, le loup est presque autant braconnier que le renard lui-même ; ainsi, dans ses courses, s'il a reconnu au sang qu'il y a un gibier blessé, lièvre, chevreuil, ou même une bête de compagnie, il prend son pas, et souvent il saisit l'animal. Si c'est un gros sanglier. il se remettra bien dans la même enceinte que lui, mais sans oser l'attaquer ; un gros sanglier pouvant se défendre contre plusieurs loups.

Quelquefois aussi, surtout aux époques de grandes neiges, plusieurs loups réunis cernent un
animal non blessé, fût-ce même une bête de
compagnie, et ils cherchent à se jeter dessus ;
mais si la bête leur échappe, ils ne la poursuivent pas. Le loup, et surtout le louvart, quand
la nourriture leur manque, rôdent souvent,
même dans le jour, soit au bois, soit en plaine,
jusqu'à dix ou onze heures du matin, moment où
ils se remettent au liteau pour le restant de la
journée.

Jusqu'à quinze ou vingt jours, les louveteaux
ressemblent assez aux petits renards dont ils ont
la couleur ; on les en distingue par la queue qui
n'a pas au bout des poils blancs comme celle du
petit renard. D'ailleurs, ils ont le museau et les
pieds plus gros.

Quand la louve craint pour eux, elle les emporte à la gueule les uns après les autres, dans
une autre partie du bois, et quelquefois même
très loin. A l'âge de cinq ou six semaines, elle
les sèvre en commençant par leur dégorger de

la pâtée ; plus tard, elle leur apporte de la proie plus solide ; mais comme, en ce moment, ils cherchent encore à la téter, et que cela la fatigue, elle s'éloigne d'eux en grognant. Souvent aussi il y a alors un ou même deux loups qui aident la louve à approvisionner les louveteaux. Quand ceux-ci ont deux mois, si la louve veut leur faire quitter l'enceinte où ils sont, c'est en jouant avec eux qu'elle les emmène plus loin.

Le loup a le pied plus large que celui de la louve ; celle-ci a le pied mieux fait, mais plus long, plus étroit et plus détaché : ses ongles sont plus menus et elle a le talon plus petit. Ce qui fait distinguer le pas du loup de celui d'un chien, c'est qu'il est plus allongé avec les deux doigts du milieu plus en avant ; le talon est aussi plus gros et plus large, les ongles plus forts. Le piqueur reconnaîtra facilement qu'il s'agit d'un loup, s'il voit son limier rabattre nez haut à la branche, s'il n'entre pas au bois avec ardeur, si même il hésite ; alors, le piqueur n'agira plus qu'avec la plus grande précaution ; il ne fera

PIEDS DE LOUP DE TROIS ANS.

Fig. 10. — Pied de devant.   Fig. 11. — Pied de derrière.

PIEDS DE LOUVE DE DEUX ANS.

Fig. 12. — Pied de devant.   Fig. 13. — Pied de derrere.

même que de grandes enceintes, car, s'il approchait à trop courte distance avec son limier, le loup, toujours défiant, toujours inquiet, l'éventerait, se mettrait bien vite sur pied et se déroberait au loin.

Au commencement d'août, le piqueur fait sa quête pour reconnaître les portées, et faire prendre les louveteaux, qui sont déjà gros comme des renards, par ses chiens, afin de les dresser et de les rendre plus hardis. On reconnaît facilement le lieu habité par une portée de louveteaux aux coulées dans lesquelles l'herbe est foulée. Il faut entrer dans l'enceinte, et suivre les coulées avec précaution, sans rien dire, et en recommandant le silence aux chiens. Quand le piqueur leur voit le poil hérissé, c'est preuve que les louveteaux sont tout près ; mais déjà la louve s'est dérobée, et inquiète, elle est allée à une certaine distance écouter ce qui va se passer. Le piqueur, toujours sans faire de bruit, excite ses chiens ; s'ils n'abordent pas franchement les louveteaux et ne font que s'élancer sans oser les saisir, pour les y en-

gager, il tire sur l'un des louveteaux ; les chiens
se contentent-ils de les tenir entre leurs pattes,
sans pouvoir se décider à étrangler, le piqueur
doit puiser tous les louveteaux. Une fois que les
chiens auront mordu, ils n'hésiteront plus à
étrangler dans une autre occasion. Quelquefois,
quand il ne lui reste plus qu'un ou deux de ses
louveteaux, la louve s'approche, et elle s'élance
furieuse sur les chiens ; c'est pour le piqueur
une occasion de la tirer.

Depuis le mois de novembre, jusqu'à la fin d'a-
vril, on doit tourner les bois avec le limier. On
suit les lisières pour qu'il sente à la branche, et
quand on a la rentrée, on envoie faire le rapport
et on fait rapprocher les chasseurs du rendez-
vous indiqué.

Pendant ce temps, on fait les enceintes sans
bruit et la brisée d'attaque. On chasse à cette
époque les loups aux chiens courants.

Voici la manière de faire le bois pour les loups.
Le loup s'est mis sur pied aussitôt la nuit, et par-
court la forêt pour voir s'il trouvera du gibier

blessé. Vers neuf heures du soir, il sort de la forêt pour se mettre en plaine ; il rentre au fort vers
les quatre heures du matin. Le valet de limier

Fig. 14. — Loup se mettant en plaine.

fait la lisière de la forêt, il trouve d'abord la sortie du soir pour laquelle le chien se rabat de tout
près ; il continue à faire la lisière, de manière à
ce que le limier puisse toujours sentir à la branche
et trouver ainsi la rentrée du matin, qu'il an-

nonce en tirant le trait à plusieurs pas, et en entrant franchement dans le bois. Le piqueur doit avoir un homme avec lui pour l'envoyer au rapport, et rapprocher les chasseurs de la brisée d'attaque faite sur la rentrée de la plaine. Il entre en forêt pour faire la brisée d'attaque. Il doit soigneusement examiner l'âge du loup. Si c'est un loup de l'année, il a les pieds moins gros et ne marche pas aussi droit qu'un vieux loup. Souvent les jeunes loups sont sur pied jusqu'à midi quand ils n'ont pas trouvé à ronger ; quelquefois, ils restent dans une garenne à manger un os. Les vieux loups rentrent toujours en forêt.

Le loup étant très vite et très robuste, ne peut être chassé qu'à courre, à cheval ou en battues, parce qu'une fois attaqué il prend de trop grandes fuites. On détourne et remet le loup de la manière que j'ai expliquée aux articles du piqueur et du sanglier.

Bien peu de chiens attaquent d'eux-mêmes le loup, dans lequel ils reconnaissent leur plus redoutable ennemi, et même beaucoup, quoi qu'on fasse pour les y déterminer, ou s'y refusent toujours, ou ne l'attaquent jamais qu'avec crainte et seulement, parce qu'ils comptent sur le piqueur.

La curée du loup est la même que celle du sanglier.

INDICATION SUR LES PORTÉES DE LOUPS DANS CERTAINS DÉPARTEMENTS. — Les loups ont l'habitude de faire tous les ans leurs portées dans les mêmes contrées. Voici les forêts où j'en ai rencontré et où j'en ai fait la destruction :

Ardennes. — Bois de Thin-le-Moûtier ; petite forêt de Signy-l'Abbaye et Mortier ; bois de Corny, près Rethel ; forêts de Mazarin, du Mont-Dieu, de Belval ; bois de Grandpré, de Lançon, de Marcq et d'Apremont.

Meuse. — Forêt de Saint-Agobert ; bois de Jametz ; bois de Saint-Laurent ; forêt de Mangiennes ; bois de Pilon ; bois de Billy ; bois de Romagne ; bois d'Inor ; bois de Brieulles ; forêt d'Esse ; bois de Montmédy ; forêt de Varennes.

Marne. — Bois d'Eausie ; forêt de Sainte-Menehould.

Allier. — Forêt près de Moulins.

CHASSE DU LOUP A COURRE. — Si le piqueur a une bonne brisée, il doit poster sans bruit les tireurs aux grands devants seulement, et non à l'enceinte, ainsi qu'un relai de chiens et même plusieurs, si c'est possible. Comme je l'ai dit pour le sanglier, le valet se placera à cent pas de la brisée en tenant ses chiens bien préparés à être découplés plus tard, et le piqueur attaquera avec les chiens destinés à l'attaque. Au lancé, le piqueur sonne le *lancé*, la *fanfare du loup*, le *débuché*, la *vue*, et après, le *bien allé*. Dès que le loup passe sur la ligne, les chasseurs doivent le tirer, même de loin, et aussitôt après, s'ils l'ont manqué, ils sonnent la *vue* ; à l'arrivée du loup au relai, le valet, après avoir laissé passer les chiens en chasse, doit découpler les siens sur la voie ; le piqueur à cheval coupe le devant et sonne le *bien allé* ou la *vue* ; alors, tous les chasseurs

qui sont à cheval. suivent la chasse le plus vite
possible, et en même temps ils donnent, le plus
qu'ils peuvent, des *bien allé* ou des *vue*. Tout ce
bruit intimide le loup ; quelquefois même il ne sait

Fig. 15. — Chasse du loup à courre.

plus où il en est, surtout si c'est un louvart, et
alors il se laisse forcer ; mais il est bon pour cela
que les chiens aient à leur tête un mâtin qui les
rendra plus hardis. Aux grands équipages, on
n'a pas recours au mâtin ; c'est à tort.

Aux mois de septembre ou d'octobre, les louveteaux, devenus louvarts, ont la taille d'un de-
mi-loup. Alors les chiens les chassent plus volon-

Fig. 16. — Chasseur tirant un loup.

tiers qu'au mois d'août. Les louvarts chassés
prennent facilement la fuite, et ils changent de
forêt, mais c'est toujours pour revenir aux environs du lieu où ils sont nés ; aussi le piqueur qui
en a eu connaissance ne doit-il pas manquer d'y

placer quelques tireurs. Quand surtout il y a en tête de la meute un chien affranchi, sachant bien mordre, les louvarts, qui ne prennent jamais de grandes avances devant elle, sont bientôt forcés et étranglés, s'ils n'ont pas été tirés et tués.

BATTUE AUX LOUPS. — Il est essentiel que le piqueur ait détourné un loup et qu'il le sache certainement remis dans une enceinte. Pour donner au piqueur tout le temps d'opérer, le rendez-vous des tireurs et des traqueurs ne doit être fixé que vers dix heures du matin, et toujours à une grande distance de l'enceinte de la remise. Il faut deux hommes, l'un pour aller poster les tireurs à bon vent, l'autre pour aller poser les traqueurs vent au dos, autant que possible. Les tireurs partiront les premiers, de manière à se trouver tous à leurs postes avant que les traqueurs ne soient aux leurs. Tout le monde, chemin faisant, doit observer le plus grand silence ; autrement, il y a tout à parier qu'on trouverait le loup levé et l'enceinte vide. Quand celui qui a placé les traqueurs a terminé et qu'il pense que tous les tireurs sont aussi arrivés à leurs postes, ils donnent aux traqueurs un signal convenu ; alors tous, mais sans entrer dans l'enceinte, ni même quitter les en-

Fig. 17. — Battue aux loups.

droits où ils ont été placés, crient et font le plus de bruit possible. C'est à tort que, pour le loup, quelques chasseurs font entrer les traqueurs dans l'enceinte ; cela est même cause que souvent, le loup sortant trop vite, les chasseurs ne peuvent pas bien le tirer à son passage sur la ligne, ou

même qu'il se dérobe entre les traqueurs quand,
ne se voyant pas bien les uns les autres dans les
bois, ils ne forment plus une ligne régulière.
Au premier coup de voix des traqueurs, le loup
se lève et il se dirige avec précaution, au simple
trot, vers la ligne des chasseurs ; alors il est facile à tirer ; mais, s'il est manqué, il passe la
ligne au grand saut, et ensuite on ne sait plus
où on le trouvera. L'opération est à remettre à
un autre jour.

AFFUT DU LOUP. — Un chasseur qui se respecte
ne tirera à l'affût que le loup et tout au plus le
renard. Si l'affût du loup à la bête morte ne
réussit presque jamais, c'est parce que le loup,
qui ne se décide à y manger qu'après avoir fait
de loin, et avec grande attention, le tour de
l'endroit où elle est déposée, a éventé le tireur,
et que dès lors il s'est écarté. Connaissant cet
instinct du loup, je l'ai mis en défaut. Mon moyen
est répugnant, je l'avoue, mais il est sûr : quand
je sais qu'il y a des loups dans un pays, surtout

à une époque de mortalité dans les bestiaux, je choisis un terrain à une certaine distance des habitations, et de préférence un lieu marécageux, long et large d'environ 20 mètres ; j'enterre au milieu un tonneau que j'entoure, à la distance de 30 centimètres environ, d'une espèce de haie d'épines, haute de 1 mètre ; j'y traîne quatre bêtes mortes que j'enterre aux quatre côtés, à la profondeur de 60 centimètres à 1 mètre, en recouvrant de 30 centimètres de terre, cela forme quatre fosses, en contre-bas de chacune desquelles j'établis un petit canal de 1 à 2 mètres de longueur, sur 60 centimètres à 1 mètre de largeur, avec autant de profondeur ; ces canaux serviront à recevoir l'eau putréfiée produite par le corps de la bête pendant qu'il se consomme, et de laquelle le loup est très avide. La chair ainsi enterrée, surtout si le lieu est marécageux, durera longtemps. Le loup en a bientôt connaissance par les émanations. Cependant, dans les premiers jours, il n'ose pas encore aborder ; plus tard, il se rassure et il s'habitue.

Quand j'ai remarqué qu'il a gratté, mangé à la bête et bu de l'eau putréfiée, un soir où il y a clair de lune, je me place au tonneau. De onze heures du soir à une heure du matin, le loup accourt au galop et sans défiance, l'odeur des bêtes mortes qui lui était arrivée de tous les côtés, l'ayant empêché de m'éventer. Il se met tranquillement à manger et je le tue. A cet affût il vient aussi des renards. Du reste, si on ne veut pas affûter, on peut aussi tendre un piège dans l'eau putréfiée où le loup ne manque jamais d'aller boire en y posant les pattes; il n'évente pas le piège ainsi placé.

§ III

Le Renard.

Le renard a la réputation d'être le plus redoutable des braconniers. Quand la femelle a des petits à nourrir, il est bien vrai que, toujours en chasse, elle fait alors une grande destruction de levrauts, lapereaux, perdrix, volailles des fermes, et jusqu'à des chevrotins; mais quand le renard n'est pas poussé par ce besoin impérieux, il ne vit guère que de souris, taupes, petits oiseaux tombés des nids et même d'insectes; ce n'est que par exception qu'il prend quelques lièvres, lapins et perdrix, principalement ceux qui ont été blessés par les chasseurs. Quand, en voyageant, il a senti du sang à terre, c'est pour lui un indice qu'il y a un animal blessé dont il peut faire sa proie, et dès lors aussitôt, prenant chasse à voix, il suit la trace jusqu'à ce qu'il ait gueulé la pauvre bête, soit perdrix démontée, soit lièvre écloppé, soit même un chevreuil.

Quoi qu'il en soit, comme le renard est une mauvaise bête, toujours est-il bon et utile de le détruire, même en tout temps. On le chasse à courre et en battue.

Même curée que celle du sanglier.

CHASSE DU RENARD A COURRE. — Le pas du renard est rond, assez semblable à celui d'un petit chien ; on l'en distingue surtout en ce qu'il laisse toujours sur la trace l'empreinte des poils dont le pied est un peu garni au-dessous.

Je n'ai jamais entendu dire qu'en France on le chassât à cheval, comme on le fait en Angleterre ; c'est toujours à pied. Du reste, sa chasse est bien facile et sans défaut à craindre, parce qu'il laisse beaucoup d'odeur et qu'il n'a d'autre ruse que de percer droit devant lui, en se faisant battre jusqu'à ce que, fatigué de la poursuite des chiens, il se terre pour leur échapper. On découple les chiens dans les taillis les plus fourrés d'épines et de ronces qu'il hante de préférence ; si les chiens sont vites, le renard sera terré au bout d'une heure de chasse ; s'ils sont d'un pied ordinaire, il se laissera chasser plus longtemps. Dès

Fig. 18. — Renard forcé.

qu'on le sait terré, si on ne tient pas à le conserver pour se donner le plaisir de recommencer avec lui plus tard la chasse, comme quelques chasseurs le font, il faut aller enfumer et fouiller le terrier.

Tous les chiens, surtout ceux habitués aux lièvres, ne chassent pas les renards ; un chien qui s'y refuse ne sera découplé que quand les autres ont lancé ; d'abord il ne les suit que machinalement, et comme malgré lui ; plus tard il finit par faire comme eux.

C'est à la fin de juillet que les renardeaux, déjà assez forts pour se passer de la mère, commencent à s'écarter des terriers où ils sont nés. S'ils sont inquiétés, la renarde les emporte à la gueule comme la louve. Ils y rentrent cependant encore de temps en temps, surtout quand ils éprouvent une alerte. Quand on a reconnu une portée de renardeaux, vers minuit on va boucher leur terrier ; le matin on découple aux environs les chiens qui chassent les renardeaux sans faire défaut ; on les tire aux passages, et aussi sur le terrier. Cette chasse, qui n'occasionne pas de fatigue, est très amusante, parce que les renardeaux, qui n'ont pas encore appris à connaître le pays, ne prennent pas de grandes fuites.

CHASSE EN BATTUE. — C'est depuis la fin de février jusqu'au 15 avril que la battue de destruction de renards se pratique avec le plus de succès, parce qu'alors ils sont en chaleur, ou bien les femelles sont pleines. A cette époque, ils rentrent tous les jours au terrier, les femelles surtout. Deux jours avant celui fixé pour la battue, il faut faire bien soufrer les terriers, mais sans les boucher. Cependant, malgré l'odeur suffocante du soufre, les renards ont quelquefois, par peur, la patience de ne sortir des terriers que le deuxième jour, quand la faim les presse trop; mais ils n'y rentrent pas, et on ne peut plus les retrouver que sous bois.

. Le renard étant aussi très défiant et ayant excellent nez, il est indispensable de prendre en battue les mêmes précautions que pour le loup; il n'y a que cela à changer: les traqueurs, placés en ligne à cent pas au plus les uns des autres, entreront dans l'enceinte, mais sans crier; en marchant sous bois en ligne de manière à ne pas se perdre de vue, ils se contenteront de frapper les arbres et les buissons avec des bâtons fendus. Souvent alors le renard ne fait que filer devant les traqueurs, sans se presser, et même quelquefois, il n'arrive sur la ligne des tireurs que quelques moments avant les traqueurs. J'ai vu qu'on pouvait, avec succès, recommencer une battue dès le lendemain pour tuer les renards échappés à celle de la veille. L'attention des tireurs doit toujours être plus spécialement éveillée au commencement et à la fin de chaque battue.

Destruction aux terriers. — Je ne saurais trop recommander aux chasseurs d'éviter de laisser des portées de renardeaux s'échapper; ils en seraient punis par le gibier qui leur manquerait à l'automne, et aussi par la disparition des volailles de la ferme.

C'est surtout au mois de mai, époque où les renardeaux n'ont pas encore abandonné leurs terriers, et où les femelles viennent souvent près d'eux pour leur apporter la nourriture, qu'il convient de faire bien exactement la visite de tous les terriers qu'on connaît aux environs, mais sans y rien déranger, car, pour peu que la renarde remarque qu'on connaît ses petits, elle les change de terrier.

Il y a des petits chiens qui indiquent sûrement la présence du renard aux terriers, et qui le forcent à s'y acculer ; alors on fouille et on prend les renards et renardeaux qu'il n'y a pas de risque de voir sortir devant les chiens et les hommes.

On peut aussi les enfumer aux terriers ; voici comment je m'y prends : j'enfonce dans les trous, le plus avant possible, des petits bâtons fendus portant des chiffons de linge trempés dans du soufre fondu auxquels j'ai mis le feu ; je bouche bien solidement tous les trous avec de la terre ; après un jour ou deux, je débouche et je trouve les renards morts aux entrées.

Le Blaireau.

Trop lourd pour chasser, le blaireau n'est pas à craindre pour le gibier, à moins qu'il ne trouve une portée de lapereaux qu'il déterre fort bien.

Fig. 19. — Blaireau.

Il a les ongles du pied de devant bien allongés et aigus, tandis que ceux du pied de derrière sont courts et usés; cela vient de ce qu'il ne travaille à la terre qu'avec les pieds de derrière.

On chasse le blaireau, surtout aux mois de septembre et d'octobre ; plus tard il est terré et il ne
sort plus guère. Cette chasse est facile pour les
chiens, le blaireau laissant beaucoup d'odeur. La
veille du jour fixé, vers minuit, on fait bien boucher
les terriers reconnus par le piqueur comme étant
habités par des blaireaux ; le lendemain matin,
on découple aux environs des chiens courants
qui, trouvant les blaireaux remis dans les buissons les plus épais, dans des tas de pierres, ou
sous des souches, lancent de suite. Le blaireau
qui ne peut, parce qu'il est assez lourd, prendre
fuite, se fait chasser de tout près, en recherchant
pour gagner son terrier les endroits les plus
fourrés et les plus difficiles ; mais il est bientôt
atteint ; alors, il fait ferme et même il blesse les
chiens, car il est robuste et bien armé. Il est
facile à tirer, les chasseurs entendant par la voix
des chiens où il se trouve.

Une fois qu'on en a tué un, on recouple les
chiens pour faire la recherche d'un autre, car il
y en a ordinairement plusieurs dans le même

terrier, et on a ainsi bientôt détruit tout. A la fin de novembre, les blaireaux sont rentrés aux terriers où ils passeront l'hiver. Quand on s'est assuré qu'il y en a de remis, on y fait entrer des petits chiens; dès que les blaireaux les entendent, ils se mettent à creuser très vite un boyau de sortie vers un autre terrier, et ils échapperaient si, quand on les entend travailler dans un endroit, on ne se hâtait de faire une tranchée en avant pour les arrêter et les prendre.

Au commencement de juillet, j'ai détruit plusieurs blaireaux de cette manière : au-devant d'un terrier fréquenté par eux, je remuais à la bêche ou à la pioche une bande de terre que je réduisais ensuite en poussière; le lendemain matin, je voyais aux traces sur cette poussière quels étaient les trous de la rentrée, et, à sept heures précises du soir, je m'affûtais à quinze pas au bon vent après avoir pris la précaution, dès cent pas du terrier, de marcher très doucement, parce que, sous terre, le blaireau entend très bien. Si, à huit heures, il n'était pas encore sorti, c'était parce que, pour une cause ou pour une autre, il n'avait pas voulu sortir, et qu'il ne sortirait plus que trop tard ; alors je remettais au lendemain.

Fouine, Putois, Belette, Chat sauvage, Oiseaux de proie, Héron et Loutre.

Le garde doit, en toute saison, amorcer et prendre aux pièges, indépendamment des renards, les fouines, *fig.* 20, putois, *fig.* 21, et

Fig. 20. — Fouine.

belettes, *fig.* 22, qui sont le fléau des lapins et même des grands lièvres, sans parler des volailles.

9

J'ai dit exprès en toute saison, parce que j'ai

Fig. 21. — Putois.

connu des gardes qui, plutôt industriels que
chasseurs, ne voulaient pas prendre les bêtes

Fig. 22. — Belette.

puantes en été, sous prétexte que les peaux ne
seraient pas bonnes à vendre, et ils attendaient

l'hiver sans penser aux ravages qui se feraient.
Peut-être le maître éviterait-il ce calcul, en accor-
dant aux gardes des primes de destruction pendant l'été.

E.TRAVIÈS.

Fig. 23. — Chat sauvage.

Le chat sauvage, *fig.* 23, détruit une quantité
de gibier qu'il surprend, soit à terre, soit sur les
arbres, soit au terrier. Il y a aussi des chats domestiques qui ont pris ces mauvaises habitudes.
Il ne faut rien négliger pour tuer ces brigands,
bien plus dangereux que les renards eux-mêmes.

Dès qu'on en connaîtra, on les affûtera ou on les prendra au piège. Assez souvent, à la chasse, les chiens en font brancher ou terrer; profitez-en pour les détruire.

Fig. 24. — Buse jeune.

Les principaux oiseaux de proie de notre pays sont : la buse, *fig.* 24, l'épervier, *fig.* 25, le busard Saint-Martin, *fig.* 26, le milan, *fig.* 27, etc. Ce sont tous de grands destructeurs de perdrix, cailles, canards sauvages, levrauts et volailles;

il y en a même qui se jettent sur le poisson. Aussi, toutes les fois qu'un vrai chasseur fait la rencontre de l'un de ces mauvais oiseaux, son devoir est-il de le tirer, même de loin, car s'il n'est pas

Fig. 25. — Épervier.

tué du coup, peut-être il aura reçu un plomb qui le fera périr plus tard ; mais c'est aux nids surtout qu'il faut s'attacher. Au printemps, le garde en fera la recherche avec soin ; il trouvera celui de la buse à l'enfourchement d'un gros chêne, celui du busard et du milan sur une grosse branche, celui du busard Saint-Martin, à terre simplement. Dès qu'il verra que la femelle couve fortement, il s'embusquera à portée du nid, et il commencera

Fig. 26. — Busard Saint-Martin.

par tuer le mâle quand il viendra apporter à la femelle sa nourriture. Après, il s'occupera de celle-ci quand elle sera revenue à ses œufs. Il est également utile qu'il détruise de la même manière les pies qui n'épargnent ni les œufs de perdrix, ni les petits perdreaux, ni même les jeunes levrauts ; les geais ne sont pas à ménager non plus, car ils tombent sur les œufs et les jeunes oiseaux aux nids.

Fig. 27. — Milan.

Le héron, *fig.* 28, et la loutre, *fig.* 29, à la vérité inoffensifs pour le gibier, sont de terribles destructeurs de poissons. Le chasseur qui en rencontre doit les tirer ; ce sera un service au pêcheur qui le lui rendra en lui indiquant les

Fig. 28. — Héron.

endroits de la rivière où il a remarqué des ca-

Fig. 29. — Loutre.

nards, sarcelles, etc.; d'ailleurs la chasse et la
pêche sont sœurs ; elles doivent s'entr'aider.

SECTION II. — GIBIER A POIL

§ Ier

Le Cerf et le Daim.

Je ne parlerai des cerfs et des daims que pour exprimer mon vif regret de ce qu'un si noble gibier n'existe plus en France, si ce n'est dans les forêts de l'État, où il est conservé avec soin ; mais, dans ma jeunesse, je rencontrais encore de temps en temps des cerfs dans les grandes forêts de la Lorraine et des Ardennes. Les braconniers les ont tous ignominieusement tués à l'affût.

Règle générale, on ne chasse les cerfs et les daims qu'avec de grands équipages et des relais après avoir détourné : c'est la plus belle de toutes les chasses et la plus savante.

Le Chevreuil. — Chasse à courre à pied et à cheval.

En hiver, les chevreuils habitent les taillis les plus fourrés, surtout ceux exposés au midi ; au printemps, les plus clairs ; en été, les plus ombragés et les plus frais.

Le brocard marque plus fortement que la chevrette ; son pied de devant est plus large, celui de derrière a les pinces plus serrées ; c'est le contraire pour la chevrette. Il y a des chasseurs qui, pour assurer la conservation de l'espèce, ne chassent que les brocards en épargnant toujours les chevrettes. Sans doute il faut éviter entre novembre et avril de tuer une chevrette, parce qu'elle serait pleine, et que ce serait d'autant

plus dommage, qu'il n'y a qu'une portée par an ;
mais il est évident qu'en dehors de cette époque,
il n'y a pas plus d'inconvénient pour une chevrette que pour un brocard, puisque, comme ils
vont en couple, si l'un des deux, n'importe lequel, est détruit, il y a toujours nécessité pour
l'autre de chercher une union nouvelle.

Le chevreuil se chasse à courre à pied et aussi
à cheval. Quand on veut se conformer à la
règle on ne le tire pas ; il doit être forcé. On y
parvient quelquefois sans relai avec des chiens
courants de race anglaise ; mais, le plus souvent,
un relai est indispensable ; alors, deux heures
suffisent. Le piqueur quêtera de grand matin
avec son limier, de la manière déjà expliquée ;
s'il se rabat sur la voie d'un chevreuil, il est inutile de détourner, c'est preuve que la bête se
trouve dans l'enceinte, le limier ne se rabattant
jamais pour le chevreuil que sur la voie du matin.
Alors le piqueur n'a plus qu'à faire la brisée ordinaire et à se retirer pour aller préparer la chasse.
Le plus ordinairement, le piqueur ne remet pas ;

il se contente de découpler dans la partie du bois
où il sait que des chevreuils ont l'habitude de se
tenir, et il appuie la quête des chiens. S'il y a

Fig. 30. — Brocart et sa chevrette.

réellement un chevreuil, les chiens l'auront bientôt rencontré et lancé. Tout aussitôt, le piqueur
sonnera le *lancé* et la fanfare du chevreuil; après,
il s'attachera à reconnaître le pied, afin d'être en

mesure de redresser un change, s'il s'en fait plus tard, et il suivra les chiens.

Le chevreuil se fait chasser rapidement pendant une heure ou deux en prenant de l'avance devant les chiens ; ce n'est que quand il se sent déjà quelque fatigue qu'il commence à ruser ; si les chiens le poussent vivement, il n'en a guère le temps, mais s'ils ne sont pas vites, il prend de plus grands devants et essaie beaucoup de ruses les unes après les autres. Alors les derniers défauts deviennent quelquefois difficiles à lever. Néanmoins, les chiens font sur sa voie moins de défauts que sur celle du lièvre, et ils les relèvent plus facilement, parce que, si léger qu'il soit, il laisse derrière lui un sentiment bien plus prononcé. Sa ruse ordinaire, c'est de revenir sur son contre-pied ; il le fait quelquefois en recherchant les endroits sur lesquels il peut perdre les chiens, par exemple les chemins, fossés, ruisseaux, etc.; j'ai même vu des chevreuils croiser leurs voies, les emmêler, etc. Quand ils croyaient avoir de cette manière assez créé d'embarras aux chiens, ils faisaient un grand saut de côté, ou deux, et ils se rasaient sans bouger, même quand les chiens seraient passés à côté d'eux.

S'il se fait un défaut difficile à lever, il faut que le piqueur se trouve avec les chiens de tête, qu'il leur parle, qu'il les aide, et qu'il fasse ses requêtés avec plus d'intelligence, souvent même avec le soin le plus minutieux. Il arrive quelquefois, si le défaut n'est levé que par un seul chien, que les autres, n'entendant pas le lever à leur tour, restent en arrière ; alors la chasse est compromise. Mais quand le piqueur est, selon son devoir, à la suite des chiens, il criera à ceux restés en défaut : *au coute un tel !* s'ils sont bons, ils rallieront, et la chasse sera reprise.

Le chevreuil relancé plusieurs fois et bien suivi, revient toujours, après une fuite plus ou moins longue, au premier lancé, aux environs duquel on a dû, dans cette prévoyance, laisser un ou deux chasseurs. Les autres ont été postés aux passages fréquentés et aux refuites probables.

Quand le temps est calme, le saut du chevreuil chassé, le grand saut principalement, est entendu de loin comme un bruit sourd. Mais, dans sa fuite, il n'est pas toujours en saut : quand il se sent de l'avance sur les chiens, il ralentit de temps en temps, et même il s'arrête tout à fait pour écouter la chasse. Alors le chasseur près duquel il passera, quelquefois même sans l'apercevoir, tant il est occupé, aura toutes facilités pour le tirer.

Pendant le cours de la chasse, le piqueur reverra le pied toutes les fois qu'il le pourra, afin de s'assurer si c'est toujours la bête de chasse. Rarement les chiens prennent le change sur le chevreuil; néanmoins cela peut arriver, surtout quand il y en a beaucoup dans la forêt. Dès que le piqueur découvre un change, il doit, au plus vite, rappeler les chiens et les remettre sur la bonne voie. Il est évident qu'avec un gibier comme le chevreuil, si un change se prolongeait, il faudrait renoncer à forcer. Quand le piqueur remarque que les chiens ont pris le contre-pied, il agit de même. Il est inutile de dire que si la chasse se fait à cheval, elle sera mieux suivie, et les défauts seront plus vite levés.

Assez souvent le chevreuil, longtemps chassé sous bois, prend la plaine ; s'il y aperçoit devant lui un chien quelconque, il se rase et peut même se laisser prendre par lui, tandis que si c'était la meute qui le chasse, il continuerait à fuir jusqu'à l'épuisement de ses forces. Il est aisé de voir quand le chevreuil est sur ses fins : il n'appuie plus que du talon, il tourne, il hésite ; il a la tête basse, les jambes raides ; il est effaré, haletant ; il sent derrière lui la meute qui le gagne de plus en plus en redoublant d'ardeur, car elle comprend qu'il va être à elle ; exténué, rendu, il tombe enfin en poussant un cri de détresse ; tous les chiens se jettent sur lui, s'acharnent, et même le dévoreraient en un instant, si les chasseurs n'accouraient le leur arracher. On les en console en faisant la curée sur place. Cette curée se fait comme celle du sanglier. On sonne l'*hallali* et la *retraite prise.*

A la mort d'un loup ou d'un sanglier, on se réjouit ; à celle d'un chevreuil, un si élégant animal, on éprouve toujours quelque regret.

Dès le mois d'octobre, les chevrotins sont déjà assez forts pour être chassés. Ils se tiennent ordinairement dans les taillis de dix à quinze ans. Quand on y découple, c'est presque toujours la chevrette elle-même que les chiens chassent à vue, parce que, pour essayer de sauver ses chevrotins, elle s'est de suite présentée à eux. Quand les chevrotins sont très jeunes encore et qu'ils sont tourmentés dans les lieux où ils se tiennent, la mère les emporte par la peau du cou dans une autre retraite. Elle fait plusieurs fois le tour de l'enceinte, en s'écartant de plus en plus, et elle finit par les entraîner au loin pour les perdre. Elle ne reviendra que pendant la nuit vers ses petits, mais elle ne les retrouvera probablement pas, parce que le piqueur, qui sait qu'ils sont restés dans l'enceinte, y découple d'autres chiens tenus en réserve dès que l'on n'entend plus la chasse de la chevrette. Les chevrotins, bientôt lancés, ne faisant que tourner et se raser, sont facilement tirés ou même pris par les chiens. J'avoue cependant que cela n'est pas de la bonne chasse; il serait plus convenable d'attendre que ce gibier fût mieux en état de se défendre.

§ III

Le Lièvre.

En temps humide, c'est principalement dans
les lieux secs et pierreux, les landes et bruyères,
les terres récemment labourées, qu'on rencontre
les lièvres ; s'il fait un vent froid, s'il gèle ou
neige, ils se sont retirés dans les grands taillis,
les ravins, fossés et autres endroits garnis d'é-
pines, de ronces et de hautes herbes où ils trouvent des abris ; en temps ordinaire, ils se tiennent surtout dans les jeunes taillis et les
plantations en plaine. Ceux qui habitent les marais et les bords des étangs sont des lièvres qui,
se voyant très battus au bois et en plaine, y sont
venus pour y être plus tranquilles ; souvent
échauffés, ils sont alors autant mauvais à chasser
qu'à manger.

Tous les jours ne sont pas favorables à la

chasse du lièvre aux chiens courants : s'il fait trop sec, si le vent est grand, les chiens ayant plus de peine à rencontrer et à conserver le sentiment, il se fait souvent des défauts difficiles à lever. D'ailleurs, la terre durcie par la gelée blesse les pieds des chiens et peut même les dessoler. S'il tombe de la neige, les voies étant recouvertes, ils les perdent facilement et ils se fatiguent trop ; cependant, quand la neige devenue vieille, se radoucit, ils chassent bien. S'il pleut, la pluie, en lavant les voies, y détruit le sentiment, et même, elle altère le naseau des chiens en le pénétrant. Il faut choisir un temps doux et humide sans vent ; il convient mieux qu'un beau soleil, qui toujours mange de la voie. Ce jour-là, les chiens rencontreront plus vite et ils emporteront mieux. En temps ordinaire, les chiens reprennent toujours vers le soir une nouvelle ardeur, et ils chassent mieux la nuit que le jour.

Généralement, on court un lièvre tel qu'il est rencontré, n'importe bouquin ou hase. J'ai ce-

pendant connu quelques chasseurs qui y atta-
chaient plus d'intérêt. Voici leurs raisons : tuer
une hase pleine, et elle est dans cet état la plus
grande partie de l'année, c'est détruire l'espèce,
inconvénient qui n'existe pas pour le bouquin,
un seul, d'ailleurs, suffisant à féconder plusieurs
hases. D'un autre côté, le bouquin se défendant
mieux que la hase, ayant plus de ruses, courant
et s'écartant davantage, il y a plus d'art à le
chasser et de mérite à le forcer. Aussi, est-ce le
bouquin qui est le lièvre de la grande chasse.
Quoi qu'il en soit, voici quelques renseignements
à l'aide desquels, si on y tient, la distinction
sera facile ; ils auront toujours leur utilité en cas
de change : le bouquin a le pied plus serré, plus
court, moins marquant que celui de la hase ; ses
ongles sont plus gros et plus usés, parce qu'il
court plus qu'elle ; ses crottes sont plus sèches,
plus petites, plus aiguillonnées ; celles de la hase
sont plus déliées, plus grosses, plus rondes ; le
bouquin est rouge, surtout en poitrine, et sa tête
est courte, grosse et large ; la hase est plus grise

et sa tête est plus allongée ; au gîte, et même encore en marchant, la hase ne tient pas dans le même sens ses deux oreilles qui d'ailleurs sont plus longues, mais moins larges que celles du bouquin. La queue du bouquin est retroussée sur l'échine, la hase a la sienne à moitié baissée ; enfin, le bouquin est généralement moins haut que la hase ; aussi, quand il est question d'un grand lièvre, il est probable que c'est une vieille hase. Du reste, le bouquin et la hase marchent les pieds de derrière de front, ceux de devant en ligne.

De tous les animaux que l'on chasse aux chiens courants, c'est certainement le lièvre qui, par ses ruses encore plus que par sa vitesse, sait le mieux se défendre ; aussi sa chasse, quoique moins à effet que celles du loup, du sanglier et du chevreuil, est considérée par tous les vrais chasseurs comme offrant beaucoup plus de difficulté et exigeant plus d'expérience, d'attention, même de calcul ; elle est aussi plus amusante qu'aucune autre, parce qu'on revoit plus souvent, qu'il y a plus de ruses à comprendre et à combattre, qu'on a moins à s'écarter, qu'on entend toujours la musique des chiens, etc. En outre, elle a le mérite d'être la moins dispendieuse, par conséquent à la portée de plus de personnes, puisqu'on peut la faire avec aussi peu de chiens que l'on veut.

Pour tuer des lièvres autant qu'il s'en trouve, il suffit de deux bons chiens, et il n'en faut pas plus de trois. J'ai toujours vu que, sur un terrain de chasse étendu comme sur un terrain restreint, une quantité de chiens, que d'ailleurs il est rare de réunir tous du même pied, causait plus d'inconvénient que d'utilité : le gibier, effrayé par leur bruit, prend plus d'avance et peut être tué au loin par des braconniers ou même par des chasseurs qui ne reconnaissent pas le droit de suite. S'il y a des lièvres étrangers, venus de loin pour passer l'hiver dans les bois fourrés, comme le font tous les ans ceux des plaines nues de la Champagne, ils retourneront et ne reviendront pas. Souvent aussi avec tant de chiens, il se fait des changes, deux chasses, etc. Enfin, quand la chasse est terminée, on a plus de peine à retrouver les chiens et à les reprendre ; quelquefois même on en perd. C'est autre chose pour les chasses du loup et du sanglier : il y faut beaucoup de chiens, soit pour bien suivre ces bêtes dans leur grande vitesse, soit pour leur en imposer.

Tout le monde chasse le lièvre et le tire plus ou moins bien ; mais il y a peu de personnes connaissant cette chasse à fond, et en état de sortir toujours de ses nombreuses difficultés. C'est là que le parfait chasseur se démontre.

Tous les chiens aussi chassent le lièvre ; mais ceux qui, d'eux-mêmes et sans l'aide des chasseurs, savent démêler toutes ses ruses, sont rares ; il faut en tenir cas.

D'après mes remarques, les chiens des grands équipages, notamment les normands, ne conviennent guère à la chasse du lièvre, parce qu'ils sont trop lourds et n'ont pas le nez assez fin ; ceux qui, selon moi, y font le meilleur service, sont nos chiens ardennais de l'ancienne race de Saint-Hubert, quand ils sont d'une bonne taille, d'un bon pied, qu'ils fournissent bien de la voix et qu'ils ont été bien dressés ; devant eux, le lièvre prend moins d'avance et fait moins de ruses.

Les grands bassets chassent aussi très bien le lièvre qui, rassuré par leur marche, va plus doucement, perce rarement, et fait de moins longues randonnées, pendant lesquelles on a plus d'occasions de le tirer. Parmi les bassets et même tous les chiens de chasse en général, les meilleurs, à mon avis, sont ceux à poil rude qui, tenant de la race griffonne, en ont les qualités. Un levraut ne sera bien chassé que par de vieux chiens au fait de la chasse du grand lièvre ; ils le relanceront jusqu'à trois fois, quand de jeunes chiens le perdraient de suite.

De bons chiens de lièvres font encore bien à toutes les autres chasses ; mais dans les équipages où chaque chien est affecté à une chasse particulière, d'après sa capacité, les chiens de lièvres restent aux lièvres ; quand on a assez de chiens, c'est ce qu'on peut faire de mieux.

Le renard jouit d'une grande réputation de finesse et d'astuce qu'il ne justifie pas en chasse, où il ne sait que percer devant les chiens en passant par les fourrés les plus épais, jusqu'à ce qu'ils l'aient forcé à se terrer.

Le lièvre est bien plus rusé ; on peut même dire qu'il n'y a pas de gibier plus rusé.

Vers le coucher du soleil, il sort du bois pour aller en plaine, où il passe la nuit à se nourrir et à courir à droite et à gauche ; dès le point du jour, il rentre au bois en choisissant les places sur lesquelles ses pieds ne laisseront que le moins de traces ; après quelques tours et détours, et même des sauts pour qu'on le perde s'il est suivi, il se gîte plutôt au bord du bois qu'au milieu. Chaque jour il se fait ainsi un nouveau gîte ; rarement il reprend celui de la veille.

Mais c'est surtout quand il se voit chassé, qu'inspiré par l'instinct de sa conservation, il a recours à toutes sortes de moyens pour faire

tomber les chiens en défaut et leur échapper.
Voici ses ruses les plus habituelles : courir sur
les terrains les plus secs, tels que les chemins,
les sentiers, les pierres, les champs brûlés par le
soleil ; suivre les fossés, les ravins ; s'engager
dans les fourrés de ronces et d'épines les plus
épais, en espérant que les chiens, plus grands
que lui, ne pourront pas l'y suivre ou bien s'em-
barrasseront, si même ils ne le perdent tout à
fait ; passer à la nage un ruisseau et même une
rivière ; au bois, comme en plaine, revenir sur
ses voies, et, après plusieurs retours sur lui-
même pour les embrouiller, faire tout à coup un
grand saut de côté ; se raser à moitié quand il se
sent de l'avance sur les chiens, ensuite se dérober
et aller plus loin essayer de nouvelles ruses, à la
dernière desquelles il se rase d'aplomb ; mais les
chiens l'ont suivi en donnant des voix de rapproche, ils ont successivement levé tous les défauts, et il est relancé à vue. Pour juger de ce
qu'un lièvre peut faire en pareil cas, même quand
il n'est pas chassé, on n'a qu'à suivre un pas sur

la neige peu après qu'elle est tombée. Quand une de ses ruses lui a réussi, il est utile d'examiner quelle a été sa manœuvre, car on peut s'attendre à ce qu'il la recommencera. Les hases et les

Fig. 31. — Lièvre faisant un hourvari dans un ruisseau.

levrauts bornent leurs ruses à tourner sans s'écarter beaucoup, à reprendre leurs voies et à se raser. Ce sont les bouquins qui rusent le plus et le mieux; il y en a de vieux, ayant acquis de l'expérience, parce qu'ils ont souvent échappé aux chasses, qui dépassent tous les autres; c'est surtout quand ils se sentent plus près d'être forcés qu'ils ont recours à ces ruses extraordinaires comme dernier essai de se sauver la vie. On en a dit beaucoup sur eux ; je ne parlerai que de ce que j'ai vu : ainsi, un lièvre après avoir longtemps tourné et rusé autour d'une mare ou d'un étang, s'y jetait tout à coup, plongeait et allait en nageant se relaisser sur un îlot ou au milieu des roseaux.

Mes chiens en avaient suivi et perdu un le long d'un vieux mur ; je l'ai trouvé rasé sur les pierres. Il m'en ont fait prendre plusieurs à la main dans des terriers de renard.

J'ai fait partir un lièvre qui s'était relaissé sur une grosse tête de saule peu élevée de terre. Il en est qui s'enfoncent dans une carrière ou dans un tas de neige. Même sans être chassés, ils ont souvent recours à ce dernier moyen pendant le jour, quand la terre est couverte de neige, parce qu'alors leur couleur, qui tranche, les fait découvrir de loin. Ils restent ainsi cachés quelquefois pendant deux jours.

J'en ai vu entrer dans un ruisseau ou une rivière, se laisser entraîner au courant et puis,
gagnant la rive opposée, s'y relaisser ou bien
reprendre leur course. Cette dernière ruse est
même celle qui leur réussit le plus souvent.

Fig. 32. — Lièvre rusant parmi les moutons.

D'autres vont joindre un troupeau de moutons, et le traversent afin que leurs traces et
leurs émanations, se confondant avec celles des
moutons, soient perdues pour les chiens.

Il arrive aussi qu'un vieux bouquin, quand il se sent fatigué de la poursuite, fait lever un autre lièvre qui court à sa place, tandis qu'il se met à la sienne; bien entendu, si ce relai n'était pas découvert à temps, il faudrait renoncer à forcer.

Souvent un lièvre court sur les terres les plus détrempées par une grande pluie ou par un dégel, afin que la boue qui s'attache à ses pattes et à son corps retienne le plus possible de son sentiment qu'ainsi il emporte avec lui; on dit alors du lièvre qu'il a des bottes, ou qu'il fait bottes.

Enfin, poussés partout, ils cherchent un dernier refuge dans les haies, les jardins des villages, et même les bâtiments et sur les toits. Mes chiens en ont bien forcé un dans le village de Chauvency-Saint-Hubert, près de Montmédy, sous le lit d'une femme qui, ne soupçonnant pas un lièvre à pareille place, jetait des cris d'effroi à la vue de dix grands chiens se précipitant tout à coup chez elle en hurlant et en renversant elle et ses meubles pour arriver plus vite au pauvre lièvre.

Voici un fait dont tout Montmédy a été témoin en 1818 : un lièvre, que mes chiens chassaient vivement depuis trois heures, et qu'ils allaient forcer, ne sachant plus que devenir, est entré par la porte devant les sentinelles dans la ville haute de Montmédy, les quinze chiens à sa suite ; après avoir traversé toutes les rues, il a gagné le rempart, du haut duquel il a sauté avec l'un de ces chiens à cent pieds plus bas dans le fossé où, comme on peut le penser, ils ont été écrasés tous les deux. Encore heureusement ai-je pu accourir assez à temps pour rompre les autres chiens, car, aveuglés par leur ardeur, ils allaient tous sauter aussi. J'avoue cependant qu'il y a des cas, et ces deux derniers sont du nombre, où l'action du lièvre s'explique plutôt par la peur que par la ruse.

On chasse le lièvre à courre, soit à pied, soit à cheval. Dans un autre article, je parlerai de sa chasse au chien d'arrêt.

CHASSE AUX CHIENS COURANTS A PIED. — Comme cette chasse est de toutes celles aux chiens courants la plus pratiquée, par conséquent la plus intéressante pour la généralité des chasseurs, on comprendra que je doive entrer à son sujet dans de plus grandes explications dont, au surplus, une bonne partie peut encore s'appliquer aux autres chasses, et même les compléter, sauf, bien entendu, quelques différences et modifications laissées au discernement des chasseurs.

Certains chasseurs ne courent le lièvre qu'après avoir remis. Un peu après la rentrée du matin, le piqueur, tenant en laisse un limier, ou un chien courant, ou seulement un chien d'arrêt, longe la lisière du bois jusqu'à ce qu'il ait rencontré une voie qui lui convienne ; il fait la brisée au rembûchement, et il va au rapport.

Au moment de la chasse, il découple à la brisée, en appuyant les chiens jusqu'au lancé. On prétend que c'est le moyen de n'avoir que le gibier qu'on veut chasser, et de s'éviter beaucoup de peine et de temps perdu. Je comprends cès raisons, et néanmoins je ne les accepte pas, parce que ce qui se fait là est trop contraire aux règles et aux usages de la chasse : on remet le loup, le sanglier et le cerf, le chevreuil rarement, mais jamais le lièvre ni le renard : on cherche même à en dégoûter les limiers. D'ailleurs, donner ainsi aux chiens le lièvre tout trouvé, sans qu'ils aient eu la peine de le chercher, c'est les rendre paresseux.

En chasse ordinaire, comme en grande chasse, on se contente de découpler au bois ou en plaine, et tout en excitant les chiens de la voix et du geste, on bat plus ou moins au hasard les taillis, les broussailles, les terres labourées, enfin tous les endroits où l'on présume qu'il doit se trouver un lièvre.

J'ai dit combien il était essentiel pour réussir, de considérer le temps qu'il fait, la saison où l'on se trouve, la nature du terrain, etc. L'heure la plus favorable pour commencer, c'est le matin au lever du soleil ou peu d'heures après ; alors les voies des lièvres qui viennent de rentrer au bois sont encore chaudes de leurs émanations. Cependant, c'est dans l'après-midi qu'on est plus certain d'avoir à lancer un levraut, parce que, se remettant debout vers trois ou quatre heures, il a fait quelques tours dans le bois.

Le piqueur [1], après avoir découplé ses chiens, les pousse et appuie à bon vent ; il entre avec eux sans hésiter dans les broussailles et dans les fourrés ; il leur parle avec affection, en les appelant par leurs noms ; il les encourage quand il les voit bien faire ; il les réprimande quand ils font mal ; il les aide de ses conseils, il va à leur secours s'il les voit embarrassés ; en même temps, il a les yeux et les oreilles tout autour de lui. Que deviendraient des chiens livrés à eux-mêmes ? A la chasse, quand on a peur de ses peines, on ne fait jamais rien. On ne saurait même croire combien il importe, pour assurer le bon service des chiens courants, que ce soit la personne

1. Par habitude d'état, je dis toujours le piqueur ; mais on entendra bien que c'est un chasseur, du moins dans la plupart des cas.

qu'ils connaissent le plus, et qui a le mieux ob-
tenu leur confiance, qui les dirige et leur parle
pendant la chasse; ils lui obéiront au premier
mot.

Pendant que les chiens sont en quête, ou qu'ils
n'ont encore que rencontré sans avoir lancé, les
chasseurs et le piqueur lui-même, doivent ne pas
se trouver au milieu d'eux, encore moins les devancer; non-seulement ce serait les déranger et
les distraire, mais aussi s'exposer, en foulant des
voies avec les pieds, à y détruire le peu de sentiment qui peut s'y trouver.

Il faut également se garder de trop presser les
chiens, car ils pourraient passer sur des voies
sans les goûter et s'y rabattre. Tout en les ani-
mant modérément, il faut leur donner le temps
de réfléchir, et laisser leur instinct parler de lui-
même.

Quand une enceinte a été battue sans que les
chiens y aient rencontré, il faut les pousser à
une autre; si on trouve celle-ci trop grande, on
la raccourcira en deux ou trois parties pour faci-

liter la quête. Partout, on fera le tour d'une enceinte et on cherchera à revoir sur les chemins,
sentiers, terrains humides qui s'y trouvent; il
faudra bien qu'on finisse par rencontrer.

A la grande chasse, il est d'usage que le piqueur sonne *la quête* pendant cette opération ;
c'est autant pour exciter l'ardeur des chiens que
pour prévenir les chasseurs. Sans doute, le son
de la grande trompe accompagnant la voix des
chiens est d'un très bel effet au milieu des bois ;
mais si ce n'est pas seulement le plaisir des
oreilles qu'on vient chercher, si l'on veut encore
et surtout s'assurer du gibier, je dirai franchement que cette manière bruyante d'annoncer les
divers mouvements de la chasse offre plus d'in-
convénients que d'avantages : en effet, le lièvre
qui entend tout ce tapage ajouté aux voix des
chiens et aux cris des chasseurs, se met plus
vite sur pied et prend plus d'avance, ou bien,
effrayé et ne sachant plus de quel côté partir, il
s'aplatit dans son gîte qu'il ne quittera qu'autant que les chiens et les chasseurs seront tout à

fait sur lui. Aussi, en chasse ordinaire, où l'on cède moins à l'empire des usages, s'abstient-on des trompes; on les remplace par de petits cornets qui, sans rien déranger, rendent les mêmes services.

Dès que les chiens ont rencontré, ils donnent des voies de rapproche, et le lancé ne se fait ordinairement pas attendre. En grande chasse, on sonne alors le *lancé*, et tout aussitôt la fanfare du lièvre; la hase et le levraut se lèvent du gîte et prennent fuite plutôt que le bouquin; celui-ci, moins effrayé et ayant plus de confiance dans ses forces, ne part qu'au dernier moment, souvent même sous le nez des chiens. Le piqueur qui voit le lièvre sonne la *vue*. Quelquefois, cependant, ce ne sont pas les chiens qui ont fait lever le lièvre, c'est le piqueur ou un chasseur; il faut alors qu'il crie *vloo* ou *velloo*, tant pour l'apprendre aux autres chasseurs, que pour amener les chiens sur la voie et faire lancer.

Au premier lancé, on peut sans inconvénient donner aux chiens le lièvre à vue; mais aux lancés qui se feront plus tard, il faut bien s'en garder, autrement les chiens s'efforceraient de prendre le lièvre et se fatigueraient mal à propos ; ils pourraient même sur-aller la voie et faire un grand défaut. C'est la voie surtout qu'il faut montrer aux chiens courants, et non le lièvre, car ils ne sont pas des lévriers ; c'est par le nez qu'ils doivent tout faire.

Avant de commencer la chasse, il a dû être arrêté entre les chasseurs si le lièvre pourrait être tiré, ou bien s'il devrait être forcé ; dans les deux cas, et en chasse ordinaire comme en grande chasse, il n'est pas convenable de le tirer au départ, bien moins encore au gîte, ce serait terminer la chasse à son début. La règle, d'accord avec le bon sens, veut qu'il y ait chasse suivie, c'est-à-dire, que le lièvre soit lancé, couru, qu'il se défende, etc., autrement il n'y aurait pas chasse.

Le lièvre étant lancé, le piqueur doit le reconnaître soit par le pied, soit par la vue, et mieux encore par les deux quand il le peut, afin que, si c'est une hase ou un trop jeune levraut qu'on ne doive pas chasser, il rompe à l'instant les chiens et les reprenne pour faire la recherche d'un nouveau lièvre. Je ferai cependant observer que si on enlevait ainsi trop souvent un lièvre aux chiens, qui viennent de le trouver après tant de peine, on s'exposerait à les décourager. Le piqueur, en même temps, examinera avec la plus minutieuse attention tous les caractères du pied, afin d'être en mesure si, plus tard, il se fait un change, ou si le lièvre revient sur la voie. Ayant ainsi le signalement du lièvre, il pourra avec sécurité se mettre à suivre les chiens.

Quand on chasse à tir, c'est tout aussitôt après le lancé que les chasseurs courent se poster à bon vent sur les passages qu'on présume que le lièvre prendra dans sa fuite ; généralement, c'est à la lisière du bois, dans une clairière, le long d'un fossé, sur des chemins ou sentiers, aux endroits surtout où plusieurs se croisent, ou bien aux environs du premier lancé. Ce dernier poste est souvent donné aux personnes qui, désirant participer à la chasse, ne veulent néanmoins pas se fatiguer à la suivre ; elles y attendent que le lièvre, surtout si c'est une hase ou un levraut, après plusieurs randonnées, revienne une fois, et même assez souvent deux fois.

Chaque chasseur restera tranquillement au poste par lui choisi, jusqu'à ce qu'il ait connu par la voix des chiens de quel côté le lièvre se dirige ; si c'est vers lui, il en profitera pour le tirer. Mais s'il comprend que le lièvre s'éloigne, il doit suivre la chasse et essayer de gagner plus loin les devants à bon vent. Le lièvre, en courant sur la

terre et sur les chemins, ne fait aucun bruit à cause des poils en brosse dont le dessous de son pied est garni ; s'il court sur des feuilles sèches, on l'entend d'assez loin.

Quand le lièvre doit être forcé, il n'y a pas à se poster ; tous les chasseurs n'ont qu'à suivre la chasse pour jouir du spectacle des manœuvres du lièvre et des chiens.

Si le lièvre de chasse est un bouquin, il perce et gagne rapidement pays ; ce n'est qu'après avoir mis une assez grande distance entre lui et les chiens qu'il s'arrête un instant pour les écouter ; après quoi, il reprend sa course ; plus loin, il recommence, essaie plusieurs ruses, etc.; on en a vu qui ont ainsi entraîné une meute jusqu'à trois lieues du premier lancé. Malgré tout cela, suivi par de bons chiens, il faudra bien qu'après plus ou moins de temps et d'efforts, il soit ramené. Si c'est une hase ou un levraut, ils ne se feront battre qu'aux environs du canton qu'ils habitent.

Le piqueur, toujours à la suite des chiens, observe comment ils travaillent ; en même temps, il cherche à revoir le lièvre le plus souvent possible pour comprendre comment il se défend, et chaque fois qu'il revoit il sonne la *vue*. Pendant tout le cours de la chasse, il doit aussi s'assurer de temps en temps si la voie emportée par les chiens est toujours celle du lièvre de meute, s'ils ne sont pas sur le contre-pied, ou si le lièvre n'est pas revenu sur ses voies, etc. Dès qu'il s'apercevrait qu'il y a change, ou contre-pied, ou retour, il faudrait qu'il criât aux chiens : *au retour !* pour les appeler en arrière et les remettre sur la bonne voie. En grande chasse, on sonne alors le *retour.*

Le change se fait assez souvent, parce que, comme il y a ordinairement plusieurs lièvres dans une même enceinte, il s'en lève un devant des chiens en chasse d'un autre, ou bien, pendant qu'ils demeurent en défaut, ils peuvent, surtout étant jeunes et ardents, confondre et oublier.

C'est au commencement de la chasse que le change est le plus dangereux, quand les chasseurs et les chiens n'ont pas encore appris à connaître le lièvre de meute. Il est évident que s'il se prolongeait, il faudrait renoncer à forcer ; les chiens ne chasseraient même pas longtemps, ils quitteraient au premier défaut. Cependant, on conçoit qu'à part la question d'art, l'inconvénient serait moindre en chasse à tir.

Assez souvent, ce n'est pas la meute tout entière qui prend le change ; pendant qu'une partie des chiens continue à courir le lièvre qu'on leur a donné, les autres poursuivent le nouveau ; alors il se fait deux chasses.

Quand le piqueur n'a rien qui lui apprenne de quel côté se trouve la bonne chasse, il doit à l'instant rompre et rallier vers les chiens de tête qui lui inspirent plus de confiance.

Il y a encore une autre espèce de change qui se fait quelquefois, même avec de bons chiens, mais habitués à chasser tantôt un gibier, tantôt un autre ; c'est quand, au milieu d'une chasse, un chevreuil ayant bondi devant eux, ou un renard s'étant élancé, ils quittent le lièvre pour le suivre. On l'apprend bientôt au redoublement d'ardeur des chiens, à la chaleur des voix, et surtout à ce qu'il ne se fait pas de défaut. Alors, on sonne la fanfare de l'animal qui a occasionné le défaut, et on agit comme je viens de le dire pour faire cesser le change.

Quand la terre est sèche et la voie ancienne, souvent les chiens, les jeunes surtout, prennent le contre-pied, et comme il fait alors mauvais-revoir, les chasseurs en sont dupes pendant plus ou moins de temps. Dès qu'on en a le soupçon, il faut se porter aux terrains sur lesquels il fait beau-revoir, afin d'y reconnaître les voies, et s'il y a réellement contre-pied, on doit rappeler en arrière les chiens qu'on ne manquera pas de gronder et même de corriger, car c'est un défaut essentiel.

Très souvent le lièvre, mais la hase et le le-vraut plus que le bouquin, revient sur sa voie; on s'en assure aux endroits où les traces sont très apparentes.

Il y a encore un autre moyen : pendant la chasse, de temps en temps, le piqueur qui ren-contrera les voies du lièvre de meute les effacera de distance en distance avec son pied; cela lui apprendra plus tard s'il y est repassé.

En général, les chasseurs qui aperçoivent le lièvre de meute ne doivent pas enlever les chiens aux voies qu'ils emportent à une certaine distance de lui, pour les amener en coupant au court, sur des voies plus rapprochées ; ce serait les déranger et même les habituer à suivre la voie avec moins d'attention, parce qu'ils compteraient trop sur le chasseur. Cependant, quand un lièvre, après avoir multiplié les tours et les détours dans une enceinte, en est sorti, il est évident qu'au lieu de laisser les chiens perdre leur temps et se fatiguer mal à propos à suivre toutes ses voies en les démêlant les unes après les autres, il vaut mieux les appeler à en reprendre en avant.

Ce sont les ruses du lièvre et les défauts où elles font tomber les chiens qui rendent cette chasse si difficile. Aussi, à mes yeux, le premier de tous les chasseurs est celui qui sait le mieux faire lever les défauts. Ce n'est pas au bois, c'est en plaine, dans les terres labourées, dans les marais et sur les chemins qu'il se fait les plus grands défauts ; cela se conçoit : au bois, le terrain, plus humide, mieux abrité, conserve le sentiment des voies longtemps encore après qu'il est dissipé en plaine par le soleil et par le vent; d'ailleurs, au bois, il n'a pas été laissé seulement sur les voies comme en plaine, mais encore aux branches, herbes, etc., touchées par le corps du lièvre quand il les a traversées. Aussi, les chiens rencontrent-ils encore au bois bien après qu'ils ne le peuvent plus en plaine.

Quand les défauts sont faciles à lever, il n'y a qu'à laisser faire les chiens et leur instinct; si on les aidait, ils finiraient par ne plus même prendre la peine de s'en occuper, et ils deviendraient paresseux. Dans toute meute bien organisée, il y a des chiens dignes de confiance auxquels l'expérience et de bonnes leçons ont appris à n'être plus dupes des manœuvres du lièvre; lorsqu'il y a un embarras, les autres regardent ce qu'ils font, et dès que ces chefs ont prononcé, toute la meute marche à leur suite. Cependant, quand les défauts sont difficiles à lever, il ne faut pas trop compter sur les chiens; il y a tel cas, par exemple, la terre étant très desséchée, où les meilleurs tombent en défaut, et même ne peuvent en sortir sans le concours des chasseurs; il y a alors nécessité de les aider. Mais il y a des chasseurs qui ne se donnent pas cette peine : un défaut qui dure un peu de temps mettant leur patience à bout, ils abandonnent le lièvre de chasse, qui cependant n'est peut-être qu'à deux pas, reprennent les chiens et vont ailleurs essayer d'être plus heureux avec un autre. C'est esquiver la difficulté, ne pas se conduire en vrai chasseur, et en outre gâter ses chiens. C'est surtout en requêtant avec attention et intelligence à la suite d'un défaut difficile, qu'on forme et conserve de bons chiens. La règle veut que tout lièvre couru soit tué ou forcé; le laisser, parce qu'on ne le trouve pas de suite, et qu'il sait trop bien se défendre, est quelque chose d'humiliant pour des chasseurs et pour des chiens.

Un bon praticien ayant l'expérience des ruses et habitudes du lièvre, ne laisse rien au hasard quand il s'agit de sortir d'un défaut difficile;

c'est la cause elle-même de ce défaut qu'avant tout il s'attache à étudier et à découvrir ; une fois qu'il l'aura connue, il trouvera facilement les moyens.

Les causes les plus fréquentes des défauts sont la nature du terrain, un retour sur la voie, un relaissé, un à bout de voie quand le lièvre, après plusieurs sauts, a couru plus loin, la pluie ou une forte rosée, ou la poussière, ou les miasmes des marais qui, en pénétrant les naseaux des chiens, ont altéré la finesse de leur odorat, etc., etc. Il y a des terrains sur lesquels les chiens perdent toujours plus ou moins de leurs avantages, tels sont les chemins empierrés ou couverts de poussière, les terres labourées, les marais, etc. Si on remarque qu'après avoir bien chassé jusque-là, ils n'ont commencé à mal chasser qu'à leur arrivée sur le terrain où le défaut s'est fait, on doit penser que c'est ce dernier terrain qui, par sa mauvaise nature, a occasionné le défaut. C'est donc lui qu'il faut d'abord inspecter avec la plus grande attention, particulièrement aux chemins et endroits humides qui peuvent s'y trouver. Si on n'a rien reconnu, c'est que le lièvre a été plus loin ; mais il doit se trouver dans un rayon plus ou moins grand de l'endroit du défaut. On peut commencer la recherche en poussant les chiens vers la partie de ce rayon sur laquelle le lièvre semblait se diriger au moment du défaut ; néanmoins, il peut se faire qu'il en ait été détourné ensuite par quelque chose qui l'aurait effrayé, par exemple des hommes ou des chiens ; le chasseur l'appréciera en voyant ce qui se trouve dans la plaine de ce côté.

Un moyen au moins aussi certain, c'est de diriger sa recherche, en considérant sur lequel des terrains environnants il est plus probable que le lièvre s'est rendu à cause du temps qu'il fait, de ses habitudes et du besoin qu'il éprouve de se défendre ; ainsi, s'il pleut, il n'a pas dû rester au bois, il doit être en plaine, dans un lieu sec ; s'il fait grand froid ou grand vent, on peut au contraire croire qu'il a quitté la plaine pour ren-

trer au bois. On doit toujours penser qu'il aura
recherché le terrain qui lui offrait le plus de facilités pour ruser, par exemple un chemin, les
bords d'un ruisseau, un terrain labouré, un endroit pierreux, etc.; mais si, même en agissant
d'après ces indications, on n'a pas encore réussi,
il faut avoir recours aux grands moyens : on enveloppe le défaut en faisant décrire par les chiens
autour du terrain sur lequel il a eu lieu, un
cercle qu'on élargit de plus en plus jusqu'à ce
qu'ils aient rencontré. Si le défaut s'est fait au
bois, on fera bien de commencer par des arrières,
parce qu'il est probable que le défaut est venu
de ce que le lièvre a fait retour ; si, au contraire,
il s'est fait en plaine, dans un lieu où les chiens
perdent leurs avantages, par exemple un labouré
récent, il faut commencer par des devants, parce
qu'il est plus probable que le lièvre a pris de
l'avance. On suppose alors que, plus loin, arrivé
sur un terrain d'une autre nature, on trouvera la
voie mieux conservée. Il est vrai que quelquefois dans cette recherche on fait lever un lièvre

autre que celui de meute; il faut beaucoup d'attention et d'expérience pour ne pas s'y tromper. On doit à l'instant rompre les chiens. Mais si cette manœuvre elle-même n'a encore rien produit, le cas devient très embarrassant; cependant, il reste une dernière ressource : puisqu'en décrivant ainsi un cercle autour du lieu du défaut, on n'a pas rencontré le lièvre ni sa sortie, il devient par cela même probable qu'il est resté dans l'intérieur du cercle; entendant du bruit de tous les côtés, il se serait aplati derrière une touffe d'herbe ou entre deux grosses mottes de terre, d'où il n'aurait plus osé partir; en cet état, il aurait échappé aux recherches des chiens, échauffés par la chasse et se dépassant à l'envi. Alors, le piqueur sonne un *appel* à tous les chasseurs qui, réunis, foulent avec les pieds tous les endroits qui peuvent recéler le lièvre, tels que buissons, herbes, mottes de terre, etc.; s'il est là, il faudra bien qu'enfin il se lève, et qu'il soit relancé. Alors le piqueur sonnerait le *relancé* et la chasse serait reprise. Si on échoue encore, il faut bien abandonner le lièvre, car on ne peut plus présumer où il est, mais on a tout fait, et on n'a rien à se reprocher. Ce cas arrive bien rarement, je me hâte de le dire. Quel que soit le résultat, un défaut long et difficile à lever sert de bonne leçon pour les chiens, surtout quand on a réussi ; à nouvelle occasion, ils se souviennent de ce qu'ils ont fait et ils recommencent. En outre, soyez sûrs qu'au relancé, ils redoubleront d'ardeur et que peut-être même ils forceront le lièvre qui, déjà refroidi, avec les jambes raides, ne prendra plus d'avance.

Ordinairement, le lièvre ne se fait pas battre longtemps sous bois, surtout si le temps est à la pluie ; il prend la plaine avec avance sur les chiens ; alors le piqueur sonne le *débuché* pour en prévenir les chasseurs. Le lièvre, qui court mieux en montant qu'en descendant, parce que ses jambes de devant sont plus courtes que celles de derrière, cherche à gagner les hauteurs sur lesquelles il est bon que quelques chasseurs se trouvent placés ; ils verront de loin la direction du lièvre, et au besoin ils gagneront les devants pour le tirer. Le lièvre traversera les terrains labourés ou longera un chemin, afin d'essayer d'y mettre les chiens en défaut. Si le défaut se fait dans un terrain labouré, le piqueur agira comme j'ai expliqué ci-dessus ; si c'est sur un chemin, il s'attachera à reconnaître la trace sur la boue ou sur la poussière. Il est même utile d'avoir pour ce genre de défaut très fréquent et souvent difficile à lever, un chien qui chasse le nez sur la boue ou sur la poussière des chemins ; dès qu'il a retrouvé, il donne des voix de rapproche en suivant le chemin ; le piqueur lui rallie les autres chiens et ils lèvent le défaut ; le lièvre, qui a quitté le chemin, mais qui n'en est pas loin, fait un nouveau défaut ; le piqueur commence par requêter sur le devant ; s'il ne retrouve pas, il se rabat sur l'arrière et les chiens relancent.

Poursuivi partout et déjà fatigué, le lièvre rentre au bois ; dès ce moment, de bons chiens ne doivent plus le perdre ni faire de change, et même ils n'ont plus autant besoin de l'aide du piqueur.

Au bois, le lièvre ne prend plus autant d'avance qu'en plaine, mais il revient sur ses pas et se rase plus souvent, quelquefois même c'est tout près des chiens. A mesure qu'il perd de sa confiance en ses jambes, il redouble de ruses et fait faire les grands défauts dont j'ai parlé ; aussi, est-ce pour les chasseurs le moment de redoubler de vigilance, car il peut leur échapper. Il essaie encore de perdre les chiens sur les chemins ; il ne fait plus que de courtes randonnées dans l'enceinte, pendant lesquelles il est très facile à tirer ; les chiens ne suivent plus aussi bien sa voie sur laquelle il laisse de moins en moins de sentiment, mais ils le lancent souvent à vue ; il est sur ses fins : on le voit efflanqué, harassé, crotté, s'il fait de la boue, noir de sueur, le dos arrondi, les jambes raides, il n'en peut plus ; les chiens, dont l'ardeur est de plus en plus excitée, lui soufflent au poil mais le manquent plusieurs fois, parce que, sous leur nez même, il fait des

crochets et se rase à chaque instant ; enfin ils le
gueulent. Si vous avez été content d'eux, laissez-
leur le lièvre pour les récompenser, car il n'y a
rien pour encourager et former des chiens comme

Fig. 33. — Lièvre porté bas.

l'abandon qu'on leur fait, de temps en temps, de
la bête en curée chaude ; tout au moins donnez-
leur le plaisir de le fouler un peu et de lécher son
sang. Au moment du coup de fusil ou du forcé,
le piqueur sonne l'*hallali sur pied*, et, tout aus-

sitôt après, l'*hallali par terre* ; ensuite, il fait la curée.

J'ai parlé de forcer ; mais, à la chasse à pied du lièvre aux chiens courants, on y parvient rarement, surtout quand on a affaire à un vieux bouquin ; il s'y fait trop de défauts ; pendant qu'on perd du temps à les lever, le lièvre a gagné de l'avance et préparé de nouvelles ruses. Cependant, si les chiens n'ont pu forcer, il est bon que, de temps en temps, ils croient l'avoir fait ; aussi, quand, à la fin de la chasse, le piqueur les voit trop fatigués pour forcer, et qu'il veut les encourager, il tire quelquefois le lièvre devant eux, en tâchant même de le blesser seulement de manière à ce qu'il courre encore un peu, et il le leur laisse prendre ; c'est ce qu'on appelle un demi-forcé.

Après la curée, le piqueur rassemble ses chiens, qu'il a soin de faire boire, car ils sont échauffés par la chasse.

A tir, ordinairement on recommence avec un nouveau lièvre, on peut même en tuer deux ou trois dans la journée ; mais, lorsqu'on a forcé, la fatigue des chiens ne permet que rarement de recommencer, à moins qu'il n'y ait un relai.

La chasse étant terminée, le piqueur sonne la *retraite prise*, et il reprend avec ses chiens le chemin du chenil. S'ils y rentrent harassés de fatigue, mouillés, refroidis, comme cela arrive souvent, il fera bien, dans l'intérêt de leur santé, de faire allumer un feu clair de fagots près duquel ils se réchaufferont ; quand ils seront bien séchés, ils les fera bouchonner par le valet ; ensuite on leur distribuera leur soupe. S'ils ont été bien fatigués dans une chasse, il faudra les laisser reposer le lendemain, car on ne doit pas abuser de ses chiens, une bonne meute ne se refaisant que très difficilement. Je dirai à ce sujet que certains chasseurs, pour avoir dans leur meute tous chiens du même pied, réforment les plus vités ; mais c'est se priver de ses meilleurs chiens, tandis qu'il y a un moyen bien simple de tout arranger ; le lendemain d'une chasse dans laquelle tous les chiens ont été employés, on recommence avec les plus vites seulement, qui ainsi se fatiguent pendant que les autres se reposent, et le surlendemain on se remet en chasse avec tous. En continuant pendant quelque temps, on donne à la meute le même pied et on se fait des chiens de tête.

CHASSE A CHEVAL DU LIÈVRE AUX CHIENS COURANTS. — A cette chasse, où tout le monde étant à cheval, il y a moins de temps à perdre, le piqueur appuie les chiens jusqu'au lancé par les mêmes moyens que pour la chasse à pied; il sonne tous les mouvements; il suit à cheval les chiens; il revoit plus souvent; présent à la plupart des ruses, il facilite la levée des défauts; au débuché, il prend les grands-devants, et c'est souvent à une grande distance des chiens qu'il revoit; il arrive au lièvre; il remet les chiens sur la voie encore chaude, s'ils l'ont perdue.

Presque toujours à cette chasse il y a un relai; il est même indispensable, quand le lièvre de meute est un vieux bouquin aux jarrets solides,

habitué à se jouer des chiens ; or, le lièvre se
sentant poussé si vivement, n'a pas le temps
d'essayer ses grandes ruses ni de les finir ; se
rasant plus souvent, il est chaque fois relancé et
bientôt forcé. Alors on sonne l'hallali, ou fait la
curée, etc. On peut recommencer avec un autre
lièvre.

Le Lapin.

La chasse la plus facile, la plus commode, et aussi la plus agréable pour les amateurs qui ne veulent pas courir et se fatiguer, est celle du lapin : quel que soit le temps, on l'a toujours sous la main, elle dure autant qu'on le veut, et elle est encore une ressource quand les autres chasses manquent.

Pas d'équipage ni de trompe, pas à détourner ni à remettre, pas de devants ni d'arrières à prendre, pas de ruses à démêler, pas même besoin de connaître la chasse ; les chiens ont perdu un lapin, un instant après ils en trouvent un autre ; ainsi, on est toujours en chasse, et si la garenne est bien peuplée, on peut tirer très souvent. Il faut bien tous ces avantages pour indemniser un peu des dégâts que font les lapins.

Pour bien chasser ce gibier, il suffit d'un ou deux vieux chiens de lièvres dont c'est la retraite, et mieux encore de pareil nombre de bassets à jambes torses, *fig.* 34, qui, démêlant plus faci-

Fig. 34. — Chien basset.

lement les allées et venues des lapins, parce qu'ils sont moins vites et qu'ils ont le nez plus près de terre, ne les perdent jamais, quelles que soient leurs manœuvres, jusqu'à ce qu'ils les aient forcés à rentrer au terrier. Il faut bien se garder de mettre de jeunes chiens à cette chasse, car ils

n'y feraient rien de bon, et même ils s'y gâte-
raient.

Tous les soirs après le coucher du soleil, en
hiver c'est plus tard, les lapins, sortis des terriers, quittent le bois pour se répandre dans les
champs et les prés des environs, où ils passent
la nuit à brouter et à jouer entr'eux ; dès le point

du jour, ils se remettent aux terriers ; cependant,
quand le temps n'est pas trop froid ou trop hu-

mide, il en reste toujours dehors quelques-uns
qu'on peut chasser ; mais il vaut mieux, pour
être certain d'en trouver un grand nombre, envoyer vers minuit boucher toutes les gueules des
terriers ; le matin, quand ils veulent rentrer,
trouvant leur retraite coupée, ils sont forcés de
rester sous bois.

Le soleil étant levé, on découple aux environs
des terriers en appuyant les chiens, et en foulant avec eux les broussailles, ronces, épines,
bruyères, tas de pierres, ramiers des bûche-
rons, etc., dans lesquels les lapins se sont blottis ;
ce n'est ordinairement que quand les chiens et
les chasseurs sont arrivés sur lui, qu'un lapin se
décide à se lever en bondissant sous leurs pieds ;
alors dans sa course, plus rapide et beaucoup
plus irrégulière que celle du lièvre, il est comme
une boule qui, en roulant, ricocherait à droite et
à gauche, et il semble couler et glisser au milieu
des endroits les plus fourrés ; mais, s'il est suivi
vivement, comme il se fatigue bientôt, il cherche
à rentrer au plus vite au terrier ; si, au contraire,

il ne se sent pas pressé de trop près, il s'arrête de temps en temps, écoute, tourne, va et revient sur lui-même dans une petite enceinte, se rase souvent, et ne repart qu'à vue sous le nez des chiens ; il se laisse battre ainsi quelquefois pendant trois quarts d'heure avant de penser à se terrer. Si les gueules sont bouchées, il retourne sous bois, se fait battre de nouveau dans les fourrés, et se représente encore au terrier, mais il ne va jamais en plaine.

C'est surtout au passage des chemins et sentiers qu'il est difficile à tirer, parce que, s'en défiant, il ne traverse jamais que trop vite pour qu'on ait le temps de l'ajuster ; aussi, vaut-il mieux l'attendre tant sur les terriers que sous bois, en s'y postant dans les ravins ou petits vallons, et surtout aux endroits où l'on a remarqué des coulées annonçant un passage habituel.

Comme il est très défiant et qu'il a l'ouïe très fine, il faut s'attacher à ne faire que le moins de bruit possible, et surtout à ne courir, pour

13

gagner les devants afin de le tirer, que lorsque
les chiens donnent des voix, parce qu'alors,
occupé à les écouter ou à fuir, il s'en apercevra
moins.

Fig. 36. — Chasseur tirant un lapin.

Pour bien tirer le lièvre, il faut d'abord le laisser filer ; ce n'est pas cela pour le lapin : souvent
à peine voit-on où il est, et moins encore où il
va ; aussi presque toujours, n'ayant pas le temps
de l'ajuster, on ne peut le tirer qu'au juger, en

jetant son coup en avant de la refuite probable.
Les chasseurs postés doivent se préparer le fusil
à l'épaule pour que le lapin, quand il arrive, n'ait
pas le temps de voir le mouvement et de l'éviter;
je dirai même que si tant de chasseurs, adroits
dans toutes les autres chasses, manquent souvent les lapins, cela ne tient qu'à ce défaut de
précaution. Comme on le voit, l'essentiel à cette
chasse, c'est un coup-d'œil sûr, une grande pres-
tesse de mouvement et beaucoup d'habitude.

Quand les terriers n'ont pas été bouchés, on
peut aussi chasser au furet; mais il faut être
prompt à viser et à serrer la détente, car la sortie
du lapin est alors très rapide; il est vrai que si
on l'a manqué, on peut mettre sur la voie les
chiens qui le ramèneront aux environs du terrier,
où il pourra être tiré de nouveau. Il ne faut pas
fureter quand la terre est couverte de neige, ni
surtout faire du bruit sur le terrier, parce qu'alors
le lapin, au lieu de sortir, se laisserait prendre
par le furet.

Il est rare que, de jour, on rencontre un lapin

en plaine dans les empouilles. Il se laissera alors facilement arrêter et même il tiendra bien l'arrêt; mais, au départ, il sera très difficile à tirer, à cause des crochets qu'il fait en choisissant les endroits les plus fourrés où on le verra à peine.

A moins qu'on n'ait des raisons pour diminuer la population, il convient de ne commencer à chasser les lapins qu'au mois d'août, et de cesser au mois de février, parce que, en dehors de ce temps, toutes les femelles sont pleines et les lapereaux sont encore trop jeunes.

CHAPITRE IV

CHASSES AU CHIEN D'ARRÊT EN PLAINE ET SOUS BOIS

§ Ier

Perdrix grise, Caille, Râle de Genet et Lièvre [1].

Quelques personnes seulement chassent au bois parce qu'elles possèdent des chiens courants, mais tout chasseur a son chien d'arrêt et chasse en plaine ; aussi, ce qui est relatif à cette dernière chasse offre un intérêt plus général.

---

1. M. Clamart n'ayant pas fait figurer la chasse de l'*Alouette* dans son ouvrage, nous croyons devoir signaler aux chasseurs de petits oiseaux, l'ouvrage de M. NÉRÉE QUÉPAT, *le Chasseur d'alouettes au miroir et au fusil,* 1 vol. in-18, orné de figures dans le texte. Prix, *franco,* 1 fr. 50. — GOIN, éditeur.

Ce sont deux genres si différents, surtout par leurs moyens d'exécution, qu'il est rare de rencontrer une personne réussissant aussi bien dans l'un que dans l'autre.

Au bois, ce sont les chiens qui, secondés par le piqueur, font toute la besogne ; le chasseur, sans se donner plus de fatigue qu'il n'en veut avoir, n'a qu'à suivre la chasse ; quelquefois même il se contente d'attendre, parce qu'il sait que le gibier finira par lui être amené.

En plaine, le chasseur ne ferait rien sans le chien, et, de son côté, le chien ne ferait pas davantage sans le concours du chasseur : mêmes soins, mêmes fatigues. Aussi, est-ce là surtout que le bon chien fait le bon chasseur, en même temps que le bon chasseur fait le bon chien.

Au bois, il est indispensable d'ajuster vite et de tirer vite, parce que, presque toujours, on n'a le gibier en vue que pendant un court instant dont il faut profiter, et en cherchant même une éclaircie où l'on vise d'avance.

En plaine, au contraire, où, en général, rien

ne dérange le coup d'œil, le chasseur n'a pas à
se presser ; il peut même mettre tout le temps
qu'il lui faudra pour bien ajuster, en se persua-
dant qu'on manque beaucoup plus souvent pour
avoir tiré avec trop de précipitation que pour
avoir tiré trop tard. L'essentiel c'est, après avoir
fermé l'œil gauche, assuré la crosse contre l'é-
paule et appuyé la joue dessus, de suivre avec le
guidon du fusil le gibier dans sa marche ou dans
son vol, et, tout aussitôt qu'à une certaine distance on voit son milieu se trouver en ligne droite
avec l'œil et la couche du fusil, de serrer la détente sans qu'il y ait le moindre temps d'arrêt,
parce qu'autrement, comme le gibier ne se serait
pas arrêté, le coup ne porterait qu'en arrière.
C'est cette différence dans la manière d'ajuster
en plaine et au bois, qui explique le mieux pourquoi des chasseurs, très adroits au bois, manquent souvent en plaine.

Le perdreau qui s'élève à cinq ou six pas du
chasseur, étant tiré dès le départ, sera très probablement manqué ou bien mis en morceaux, ce

qui ne vaut guère mieux, parce que le coup portant si près, fait balle ; on sera plus sûr de le tuer en le laissant filer tout en le visant à plein corps, pour ne le tirer que quand il sera à vingt ou vingt-cinq pas, car à cette distance, le plomb couvre déjà une certaine étendue. Quand le perdreau part à une vingtaine de pas, il faut, tout en visant, choisir pour lâcher le coup, le moment où, après s'être élevé de un mètre environ, il commence à voler horizontalement. Ce tir est le plus facile ; les deux suivants demandent plus de calcul : le perdreau qui passe rapidement en travers doit être tiré en avant ; s'il vient droit au chasseur, il doit être visé un peu au-dessus. Quelques jeunes chasseurs, émus et se précipitant en voyant tout à coup une compagnie de perdreaux s'élever bruyamment devant eux, ou même dans la pensée de tuer ainsi plus de pièces, tirent au hasard sans ajuster ; il en résulte, la plupart du temps, que le coup ne porte que dans le vide, tandis que si on avait ajusté un perdreau, on l'aurait abattu, et peut-être même encore un autre, atteint au moment où il serait passé en volant dans la direction du plomb.

Le plus sûr est donc de se contenter de viser et tirer un seul perdreau, sauf, tout aussitôt le coup lâché, à essayer d'en viser et tirer un second

Fig. 37. — Chasseur tirant des perdreaux.

pour faire coup double ; après quoi on regarde ce que les deux perdreaux tirés sont devenus, ainsi que l'endroit où la compagnie va se remettre. De cette manière, on acquiert un coup d'œil juste, et on s'accoutume à tirer sans se presser, ce qui donne toujours un très grand avantage.

Il faut encore moins se presser avec une caille dont le vol, bien moins élevé et moins rapide que celui du perdreau, est toujours droit et horizontal ; il suffit, pour ne pas la manquer, de viser haut et de ne tirer que quand elle est arrivée à vingt-cinq ou trente pas ; aussi, ce tir est-il l'*a b c* des chasseurs.

Aucun gibier n'est aussi facile à tirer que le râle de genêts, car il n'y a qu'à viser dessus ; le tout est de le déterminer à s'enlever.

Le lièvre au départ, le levraut surtout, s'élancent très vivement, et aussitôt après, fait un crochet, ce qui est cause que le chasseur sans expérience, d'ailleurs troublé à la vue d'un lièvre qui tout à coup déboule devant lui, le tire presque toujours trop précipitamment et par conséquent le manque souvent, tandis que s'il avait eu la patience de le laisser aller, tout en l'ajustant, jusqu'à vingt ou vingt-cinq pas, il l'aurait nécessairement roulé.

Le lièvre qui part devant le chasseur doit être ajusté entre les deux oreilles, pour que le plomb le frappe à la tête et sur le dos ; s'il vient à lui, ce sera sur les pattes de devant ; s'il passe en travers, ce sera à l'épaule. C'est ce dernier tir qui est le plus facile, et aussi celui qui tue le plus sûrement. Le lièvre qui n'a reçu le coup qu'aux fesses continue à courir sans que rien y paraisse, *son cul étant un sac à plomb,* comme disent les vieux chasseurs. Une patte cassée, deux même, ne l'empêcheront pas de courir et même d'échapper au chasseur qui n'aurait pas un bon chien pour le poursuivre ; mais, pendant la nuit, un renard qui l'aurait suivi au sang ne manquerait pas de le prendre.

C'est surtout à la chasse en plaine qu'il faut jouir de ce qu'on appelle bon pied, bon œil; bon pied, pour poursuivre sans relâche les perdreaux qui s'écartent au vol, les rejoindre, les fatiguer, et les obliger à se disperser, pour ensuite avoir à les tirer plus facilement : bon œil, pour bien remarquer de loin les remises du gibier. J'ai toujours reconnu qu'en plaine le chasseur le plus patient et le meilleur observateur était aussi celui qui, même avec une adresse ordinaire, tuait le plus de gibier; c'est que, pour être bon chasseur et réussir, en plaine comme au bois, il ne suffit pas de bien tirer, il importe au moins autant de bien connaître la chasse, les habitudes du gibier, la bonne direction à donner aux chiens, etc. Que de chasseurs jeunes et ardents, qui, s'impatientant dès qu'ils ne rencontrent pas de suite du gibier, s'écartent, courent de tous côtés et se fatiguent mal à propos! Il faut rester sur le terrain qu'on a entrepris, sans se lasser de le battre et fouler à bon vent, principalement aux remises et couverts, jusqu'à ce qu'on se soit assuré qu'il ne s'y trouve plus de gibier; après, on va plus loin.

Bien des fois il m'est arrivé de me mettre, comme si je leur cédais les honneurs, derrière des chasseurs qui venaient d'abandonner un canton considéré par eux comme étant dépourvu de gibier, et cependant, d'y en trouver encore, même d'y être plus heureux qu'eux dans toute leur chasse.

J'ai déjà dit que, selon moi, les meilleurs chiens pour la plaine étaient les griffons, les braques et les chiens anglais; les épagneuls ne viennent qu'après eux. J'ai avoué ma prédilection pour les griffons, race excellente en plaine, au marais et même encore au bois, difficile à dresser, mais se conservant beaucoup plus longtemps qu'aucune autre; robuste et dure, ne craignant ni le froid, ni la chaleur, ni l'eau, ni les fourrés, et par conséquent offrant pour les diverses chasses, plus de ressources qu'aucune autre. Malheureusement, elle devient rare et même se perd, parce que, sans que je voie pourquoi, elle n'est plus à la mode. On ne veut plus aujourd'hui que du chien anglais, sans penser que s'il excelle dans un genre de service, il ne convient que peu ou même point aux autres, par exemple à la chasse au marais.

En général, et c'est le mieux qu'on puisse faire, chaque chasseur à la plaine a son chien, et chaque chien a son chasseur; mais on chasse encore de plusieurs autres manières : à deux sur le même chien, les deux chasseurs longeant des deux côtés le terrain à battre, le chien se trouvant au milieu, mais, au départ, chacun par prudence ne doit tirer que de son côté.

Quelquefois un seul chasseur a deux chiens qui chassent en se croisant toujours, sans s'écarter de leur maître ; il faut pour cela qu'ils soient bien dressés et pas envieux l'un de l'autre ; ainsi, lorsque l'un tombe en arrêt, l'autre doit rester immobile ; autrement, tout irait très mal. Il arrive aussi que plusieurs chasseurs se réunissent, ou parce qu'ils n'ont pas assez de chiens, ou parce que la chasse est difficile, pour battre de front une plaine, en se tenant à une quarantaine de pas les uns des autres, leurs chiens devant eux. Chaque fois que l'un d'eux trouve une occasion de tirer, ou qu'il a à recharger, les autres doivent faire halte et l'attendre. Il est difficile qu'on se rende à la remise du gibier, à moins que l'un des chasseurs ne se détache momentanément. Cette manière de chasser en plaine, qui ne diffère de la battue ordinaire que parce que ceux

qui y prennent part sont traqueurs en **même**
temps que chasseurs, est très agréable; on **fait**
lever beaucoup de gibier, et tout le monde voit
ce qui se passe sur la ligne ; mais il est indispensable qu'il ne s'y trouve que des chiens **dociles**
et bien dressés: autrement, il suffirait d'un seul
pour déranger tous les autres. On peut aussi se
diviser en deux bandes, marchant chacune à
grande distance en demi-cercle l'une sur l'autre.

Les perdreaux ne doivent être tirés que quand,
ayant quitté leurs premières plumes et étant par-
venus à peu près à leur grosseur, ils sont **maillés** ;
c'est ordinairement vers le 15 août. Avant cette
époque, ils ne sont encore que ce qu'on appelle
des *pouilleux* ou *pouillards*, qu'il n'y a aucune
espèce d'honneur à tuer, et qui même ne sont pas
bons à manger, parce qu'ils manquent de fumet.

C'est ordinairement vers le 1ᵉʳ octobre que les
perdreaux ont pris toute leur croissance, et sont
déjà appelés perdrix ; alors on distingue les perdrix de l'année de celles de l'année précédente,
tant à la couleur du pied qui est jaunâtre chez les

premières et d'un gris terne chez les autres, qu'à l'extrémité de la première plume du fouet de l'aile, qui est en pointe chez les jeunes et arrondie chez les vieilles. La partie inférieure du bec se casse chez le jeune perdreau, tandis qu'elle est

Fig. 38. — Jeune perdreau gris.

résistante chez la perdrix. A la même époque, parmi les perdreaux de l'année, on reconnaît déjà les coqs et les poules : les coqs ont derrière le pied un ergot obtus, sur l'estomac une espèce de fer à cheval de couleur marron, et ils sont un peu plus gros ; les poules n'ont qu'un commencement de fer à cheval dé la même couleur.

Au temps de la pariade, le coq partait le dernier ; en compagnie, c'est lui qui part le premier, ce qui le rend plus facile à tuer. Il faut commencer par lui, et après, s'adresser à la poule, pour ensuite avoir plus de facilité avec les perdreaux qui, privés de leurs guides, s'écartant peu, et même s'éparpillant, pourront être tués les uns après les autres.

En général, les perdrix sont sédentaires et ne s'éloignent que peu des cantons où elles sont nées ; mais quelquefois, plusieurs compagnies très réduites et trop souvent battues, se mêlent pour n'en former qu'une, bien plus nombreuse que d'ordinaire, qui va s'établir dans un autre canton afin d'y trouver de la tranquillité.

La rencontre d'un endroit peuplé en cailles console le chasseur quand les lièvres et les perdreaux lui ont manqué. Les chiens les arrêtent facilement. Celles d'un champ formant une compagnie, ne s'élevant ordinairement que les unes après les autres, sans se suivre comme le font les perdrix, et n'allant se poser qu'à peu de dis-

tance , on peut sans fatigue les tuer toutes.
Cependant, si la caille est facile à tirer, une fois
manquée, elle devient difficile à relever, car, à
peine posée, elle s'éloigne à pied, se rase après
quelques détours, et le chien passe souvent dessus
sans qu'elle bouge ou qu'il la sente.

Fig. 39. — Caille.

Les allures du râle de genêts ne ressemblent
en rien à celles de la perdrix et de la caille : volant très mal, mais courant très vite à travers les
empouilles et les herbes devant le chien qui l'a
rencontré, il fait cent détours et même des ruses
pour échapper à la poursuite. Cependant, quand il
a affaire à un vieux chien bien dressé, il finit par

être forcé à s'élever. Un jeune chien auquel on donnerait souvent des râles à chasser se gâterait.

Les cailles et les râles sont de passage ; vers le 15 septembre, il n'en reste déjà presque plus, du moins dans nos départements du nord.

Fig. 40. — Râle de genet.

Le temps le plus favorable à la chasse en plaine, est un beau ciel sans vent, ou un ciel couvert, mais doux et sans pluie ; un grand vent, une forte pluie, la gelée, la neige, la sécheresse, font toujours perdre au chien plus ou moins de ses moyens.

Pendant la première huitaine de l'ouverture, les perdreaux, les cailles, les râles de genêts, les lièvres et surtout les levrauts, se tiennent principalement dans les luzernes, trèfles, avoines, orges, sarrasins, sainfoins, pommes de terre, et quelquefois dans les très jeunes bois plantés. Vers onze heures du matin, quand la grande chaleur donne, les perdreaux descendent aux regains et autres endroits frais et humides dans lesquels les chasseurs les retrouveront, et avec eux des cailles, des râles et même des lièvres. A la première fraîcheur du soir, les perdreaux remontent sur les hauteurs où les chasseurs iront achever leur journée. Après les huit premiers jours de l'ouverture de la chasse, les perdreaux et les lièvres, tirés plusieurs fois et effarouchés, se réfugient dans les taillis, dans les champs de luzerne, trèfle, colzas, betteraves, fève-rolles, etc., dans ceux où il y a des broussailles et des chardons, dans les chaumes des blés, dans les terres labourées et même dans les haies, jardins et enclos situés autour des villages et des fermes isolées. A cette époque, on trouve aussi les cailles aux mêmes endroits, et surtout dans les jeunes plantations. Les râles sont principalement aux regains.

Le jour de l'ouverture étant arrivé, le chasseur, armé de son fusil remis en bon état, emportant ses munitions, et suivi de son chien que, chemin faisant, il assujettira à se tenir derrière lui, part de bon matin pour se rendre à la plaine qu'il s'est proposé de battre ; il n'a pas dû oublier un fouet, ni un cordeau de 3 mètres, parce que, à l'ouverture, les meilleurs chiens eux-mêmes, se retrouvant à la chasse, après en avoir été privés pendant six mois, s'emportent assez souvent par excès de joie et d'ardeur, et que c'est le cas de les rappeler de temps en temps aux bonnes habitudes un peu oubliées.

A son arrivée, le chasseur prendra connaissance de la nature du terrain à battre, de son étendue, du vent qui règne, etc.; il dirigera sa chasse en conséquence.

Cependant, si la rosée n'est pas encore essuyée,

il fera bien pour commencer, d'attendre qu'elle le soit, parce qu'alors le chien rencontrera mieux, et que de son côté le gibier tiendra plus ferme.

En marchant, il cherchera à n'avoir le soleil qu'au dos, afin de n'être pas gêné par les rayons, ce qui fait souvent manquer; néanmoins si, pour éviter ce désagrément, il y avait nécessité de marcher sous le vent, il faudrait le supporter, car, à la chasse, la première chose à considérer c'est le vent. Il faut toujours s'attacher à ne battre qu'à bon vent, autrement le chien n'aurait pas le sentiment du gibier, tandis que le gibier, prévenu de l'arrivée du chasseur et du chien, partirait presque toujours de trop loin pour être tiré. Aussi, quand bien même, après avoir battu une pièce, il y aurait un détour à faire pour aller en reprendre une autre à bon vent, il vaut toujours mieux se donner cette peine que de l'aborder à mauvais vent.

Presque tous les jeunes chiens, et quelques vieux chiens eux-mêmes, parce qu'ils pèchent par le nez, quêtent et suivent le gibier le nez à terre, souvent même à contre-vent. C'est un défaut, car alors le chien sent bien moins, tandis que le gibier, inquiété en voyant un chien s'attacher ainsi à toutes ses traces, et le suivre jusque dans ses moindres détours, presque toujours part sans même se laisser arrêter. Cependant, les meilleurs chiens eux-mêmes sont obligés de chasser de cette manière quand ils sont à mauvais vent. Les perdrix tiennent bien mieux devant le chien qui les évente de loin, le nez haut ; il ne les approche que par degrés, suivant que le vent lui apprend qu'elles sont inquiètes ou assurées ; quoiqu'elles le voient à une certaine distance, elles ne s'en épouvantent pas, ne se sentant pas suivies par lui, et elles se laissent arrêter, quelquefois même de très près. Le chasseur laissera son chien, tout en le surveillant, manœuvrer d'après son instinct et les leçons qu'il a reçues ; il ira à droite, à gauche, devant, derrière, en visitant tout ce qu'il rencontrera pouvant servir de remises au gibier, comme buissons, touffes d'herbes, sans s'écarter au delà d'une trentaine de pas ; s'il perce et va trop loin, le chasseur lui criera : *tourne ici*, afin de le faire revenir à lui tout en requêtant.

Pendant la quête, le chasseur ne lui parlera que quand il lui verra faire une faute : si elle n'est que légère, il l'en réprimandera avec douceur, comme s'il donnait un conseil ou raisonnait avec un camarade ; si elle est grave, il prendra un ton sévère, et même, s'il y a lieu, il corrigera à l'instant. Beaucoup de chasseurs, surtout quand ils voient leurs chiens courir et s'écarter, cédant à un mouvement d'impatience et de colère, les corrigent en leur envoyant un coup de fusil chargé à petits plombs. Je ne comprends pas, quand il y a tant de moyens de se faire obéir par son chien, qu'on risque ainsi de l'estropier, ou même de le tuer, ce qui causerait des regrets inutiles.

D'un autre côté, si le chien se conduit bien, il devra être de temps en temps encouragé par une bonne parole ou par une caresse, car, savoir punir justement et récompenser à propos, c'est le secret de la bonne conduite du chien d'arrêt.

Chaque fois que le chasseur aura tiré, il rappellera son chien pour le faire coucher à ses pieds pendant qu'il rechargera ; s'il ne le faisait pas, le chien continuerait à chasser seul, s'écarterait, et pourrait bien faire lever un nouveau gibier que son maître ne serait pas encore en position de tirer. Au moment où, pour une cause ou pour une autre, le chien semble vouloir s'emporter, le chasseur le retient et le calme en lui criant : *tout beau !*

Quand il a achevé de battre un champ, avant de le rappeler, il faut encore le laisser quêter un peu au delà, parce qu'il peut en être sorti du gibier devant lui.

Dans un champ encore empouillé, ou dans une plantation, presque toujours le gibier court à pied devant le chien, et ne part que quand le chasseur est presqu'arrivé à l'autre bout. Un grand lièvre se tient ordinairement sur l'un des côtés de la pièce, d'où il se dérobe sans attendre l'arrêt, tandis qu'un levraut, presque toujours établi au milieu, se rase et se laisse arrêter.

Il y a des personnes qui, en chassant, non-seulement crient à leurs chiens, mais font entre elles des conversations très haut, sans se douter que le gibier les entend et se tient prévenu long-temps d'avance ; cela est cause qu'il se laisse mal arrêter, ou même qu'il part avant l'arrivée du chien. Le silence à la chasse en plaine est de règle presqu'autant qu'à celle au bois. Un sifflet suffit pour rappeler le chien, mais il vaudrait encore mieux l'avoir habitué à comprendre et à obéir aux seuls signes de la main.

Un chien jeune et ardent quitte souvent son maître pour courir au coup de fusil d'un autre chasseur ; il faut alors, tout en lui criant : *derrière !* lui donner une bonne saccade avec le cordeau ; s'il a été trouver l'autre chasseur, on priera celui-ci de le mal recevoir.

Le chasseur, tout en marchant, aura constamment l'œil autour de lui ; il est même bon que, de temps en temps, il s'arrête, cette interruption dans le mouvement qui inquiète le gibier pouvant le faire partir, surtout si c'est un lièvre qui, presque toujours sans cela, se serait laissé, sans bouger, dépasser par le chasseur. Mais il n'est pas convenable qu'un chasseur tire un lièvre au gîte ; il doit le faire lever en frappant la terre du talon, et le tirer au départ.

Lorsqu'on voit de loin une compagnie de perdreaux au milieu d'un chaume ou d'un labouré, il ne faut pas l'aborder directement, car elle partirait hors de portée ; on la tournera de loin ; les perdreaux gagneront à pied un couvert où on ira à bon vent les tirer. Quelquefois aussi, un très bon chien qui a éventé de loin les perdreaux, tourne autour d'eux en prenant le vent, et en les rapprochant de plus en plus il les enveloppe ; à sa vue, les perdreaux se rassemblent et se rasent ; le chien arrivé tout près, les arrête ferme.

Le chasseur reconnaît que son chien rencontre, quand il lui voit manifester plus d'attention et d'ardeur, remuer plus vivement la queue, etc. Il faut qu'il le laisse faire sans lui rien dire,

Si, après avoir arrêté, il remue encore la queue, c'est preuve que le gibier coule devant lui ; alors, il faut le suivre sans le presser. S'il a la queue raide, c'est que le gibier tient bien. S'il fait un faux arrêt, ce qui vient souvent de ce qu'il a le nez trop fin, il faut aller à lui, mais toujours en le laissant faire, et bientôt, ayant suivi le gibier de plus près, il arrêtera ferme.

En plaine, le chasseur qui a de l'expérience et qui sait observer, reconnaît toujours, à l'attitude de son chien à l'arrêt, quel est le gibier qu'il a devant lui : si c'est un lièvre, il porte la tête haute,

Fig. 41. — Chien en arrêt.

sa queue est très raide, cependant, quelquefois, un peu baissée par le bout, il tient aussi son corps en raccourci et presque toujours une patte levée, comme s'il allait prendre sa course ; si ce sont des perdreaux, sa queue est très raide et très droite, le corps est plus allongé, le nez est plus tendu ; si c'est une caille, le corps s'allonge encore plus, la queue est droite, cependant un peu relevée ; si c'est un râle de genêts, le chien s'allonge encore plus que pour la caille, et, de temps en temps, il remue la queue à droite et à gauche, parce que le râle coule ; souvent aussi il avance et puis il s'arrête, avance encore, fait de faux arrêts, des tours, des détours.

Dès que le chasseur est sûr de l'arrêt de son chien, il doit, en le tournant et en lui disant à demi-voix : *tout beau !* prendre le devant et ensuite revenir sur lui pour faire lui-même partir le gibier. Cependant, s'il croit que c'est un râle, il doit se porter directement et sans tarder sur l'endroit où le râle se trouve probablement, parce qu'il ne reste jamais longtemps à l'arrêt.

Il faut bien se garder, quand le chien est à l'arrêt, de le laisser bourrer ou piller le gibier, et bien moins encore de l'y exciter comme quelques chasseurs le font, car c'est lui apprendre à forcer l'arrêt, ou même à se dispenser d'arrêter, et une fois qu'il y serait habitué, on n'aurait plus à tirer. Pour rendre mon chien ferme à l'arrêt et l'empêcher de piller, après l'avoir tourné, je cherche à découvrir le gibier que je tire à terre sous son nez. Quand je l'ai fait quelques fois, il est affranchi et ne force plus l'arrêt.

J'ai donné précédemment des explications sur les divers tirs au départ du gibier. Après le coup de fusil, le chasseur ne doit pas aller lui-même ramasser la pièce; c'est le métier et le devoir de son chien auquel, tout aussitôt après avoir tiré et tué, il criera : *cherche! apporte!* et ensuite : *donne!* quand le chien rapportera. Il faut toujours se retirer en arrière au lieu d'avancer sur le chien, en lui disant par son nom : *apporte!* En recevant du chien, le chasseur ne manquera pas de le caresser pour l'encourager. Après quelques leçons comme celle-là, il ira chercher et rapportera sans même qu'on ait besoin de le lui commander; cela le formera aussi à aller chercher et à rapporter le gibier qu'on n'aurait pas vu tomber, ce qui est bien important quand on chasse dans les taillis, plantations, oseraies, etc., où souvent on perd du gibier, parce qu'on n'a pas un chien sachant le faire comme il faut. Le chasseur ne doit pas non plus courir à la pièce de gibier qu'il vient de tuer ; d'abord cela excite le chien à s'emporter, et puis c'est se conduire en novice qui ne sait pas se posséder à la vue de son premier gibier. Si c'est un lièvre, il faut penser, avant de le mettre dans la carnassière, à le faire pisser de suite, afin que la chair ne prenne pas un goût d'urine ; pour cela, on le tient d'une main, tandis que de l'autre on lui presse doucement le ventre quelques instants après sa mort.

Quand un gibier part, tiré ou non, il est essentiel de bien remarquer l'endroit où il est allé se remettre et de s'y rendre de suite à bon vent, parce qu'alors il tiendra mieux. Les perdreaux, surtout au commencement de la chasse, se reposent à deux ou trois cents pas, et les cailles plus près encore. A la même époque, un lièvre levé, ne sachant pas de quel côté tourner, parce qu'il voit partout des moissonneurs dans les champs, se rase presque toujours dans l'un des premiers couverts qu'il traverse, et l'on peut aller l'y relever; mais, à une époque plus avancée de la chasse, il courra très loin sans se raser, et même étant rasé, quand il s'apercevra qu'on va le rejoindre, il repartira hors de portée. Si l'on avait fait remettre une compagnie de perdreaux, on pourrait, avant d'aller la relever, faire passer un instant le chien à la place même d'où elle est partie la première fois, car, quoique les renards se chargent de ramasser pendant la nuit les perdreaux blessés qu'ils ont suivis au sang, il ne serait pas impossible d'y trouver un perdreau précédemment démonté qui, au rappel, aurait rejoint à pied.

Quand c'est à soleil levant ou à soleil couchant que le chasseur aborde la remise, il doit faire en sorte que son ombre qui se prolonge, ne passe pas sur l'endroit où se trouve le gibier, parce que cela l'inquiéterait et **même** pourrait le faire repartir de trop loin.

Quelquefois, on ne retrouve pas à la remise le gibier qui cependant est resté blotti à l'endroit même où il s'était posé ; mais on n'a qu'à s'éloigner, revenir au bout de quelques minutes et faire requêter aux environs ; alors il n'échappera plus au chien, parce que, rassuré, il a marché.

Une compagnie de perdreaux, levée pour la deuxième fois et tirée, se séparant toujours, les perdreaux, dispersés par la peur, se remettent isolément aux environs, et restent blottis, l'un à une place, l'autre à une autre. C'est le moment attendu par le chasseur pour se donner le plus de plaisir, car, s'il est patient et intelligent, il pourra alors, sans avoir à faire pour cela beaucoup de chemin, tuer les uns après les autres tous ces perdreaux ; il suffira de bien faire requêter par son chien, sous ses yeux, toutes les remises et tous les couverts des environs, c'est-à-dire, les empouilles qui restent, les raies des champs garnies d'herbes, les fossés, les broussailles, les haies, les tas de pierres, etc. D'ailleurs, dans cette recherche, presque toujours fructueuse, on pourra bien tomber sur un lièvre, la chasse aux perdreaux étant la mort des lièvres.

Une compagnie de perdreaux étant remise dans un labouré, le chasseur n'y entrera qu'en faisant tenir son chien tout près de lui, parce que, sur ce terrain, le chien ayant moins de nez, le gibier pourrait partir devant lui sans être arrêté. Il y battra avec soin tous les endroits où se trouvent de grosses mottes de terre, car c'est probablement là que les perdreaux se trouvent, et peut-être aussi un lièvre au gîte, ou seulement flâtré.

Si c'est au bois que la compagnie s'est jetée, comme cela arrive aux perdrix quand elles se sentent battues, le chasseur n'y entrera qu'après avoir mis au cou de son chien un grelot dont le son lui apprendra, étant au bois, de quel côté il quête, et s'il ne se trouve pas à l'arrêt.

Lorsque le bois a été bien battu, on doit encore en requêter les bords, les fossés, et même la plaine environnante, parce que les perdreaux qui ont fui à pied devant le chien ont bien pu aller s'y remettre. Tirés de nouveau, au lieu de rentrer au bois dont ils viennent d'apprendre à se méfier, presque toujours ils se jettent au loin dans la plaine où il ne sera plus si facile de les rejoindre. Cependant, un chasseur zélé peut encore l'essayer, et même parvenir à les faire retourner au bois dans lequel il aura à recommencer sa manœuvre. En pareil cas, c'est ce que je ne manque jamais de faire, et je m'en trouve bien, parce qu'alors les perdreaux, bien battus et lassés, sont devenus plus faciles à joindre et à tirer.

Le tir des perdreaux au bois est le même que celui des bécassines ; à cause des branches qui ne laissent le gibier en vue que pendant un instant, il faut ajuster vite et tirer vite, sans mirer comme on doit faire en plaine.

Presque tous les chasseurs croient devoir rappeler leurs chiens quand ils les voient courir un lièvre ; ils disent que cette poursuite, très souvent inutile, est cause qu'ils s'écartent, perdent du temps, se fatiguent, et même prennent de mauvaises habitudes. Je ne suis pas de leur avis; voici pourquoi : poursuivre un lièvre, soit après l'arrêt, soit qu'il parte de loin, soit tiré, soit même non tiré, est chose trop naturelle de la part d'un chien qui le voit courir comme lui, et qui en a déjà pris ainsi, parce qu'ils étaient blessés, pour qu'il ne soit pas toujours très difficile de l'en empêcher, et même, presque toujours, quelque peine qu'on se donne, on n'y réussit pas. Aussi, toutes les fois que j'ai tiré un lièvre, et qu'il fuit encore après mon coup, je laisse faire mon chien quand je le sais bon, en me fiant à son instinct et à son expérience : si le lièvre est blessé, comme sa course se trouve ralentie, il sera pris; si, au contraire, il n'est pas blessé, mon chien, le reconnaissant bientôt, et dès lors jugeant la poursuite inutile, revient de lui-même après avoir fait cent pas; c'est une leçon pour lui, et plus tard il ne courra plus mal à propos.

D'ailleurs, on ne chasse pas toujours en plaine

découverte ayant son chien sous ses yeux et à sa
portée, pour le rappeler si on ne veut pas qu'il
lance un lièvre ; on bat aussi les plantations et
les grands couverts au milieu desquels le chien,
jouissant nécessairement de plus de liberté dans
ses allures, je ne vois pas comment on parvien-
drait à l'empêcher de pousser un lièvre levé devant lui.

Que de lièvres, blessés à mort, mais ayant encore assez de forces pour aller au loin et même
hors de vue, seraient perdus si les chiens ne les
suivaient pas ! Cependant, il faut tenir essentiellement à ce que le chien rapporte le lièvre pris
ainsi ; c'est même un des points principaux de
l'éducation que je donne à mes élèves. Un de
mes meilleurs chiens, m'a plus d'une fois surpris en me rapportant au galop un lièvre que
j'avais tiré sans croire l'avoir blessé ; mais son
instinct le lui avait appris.

Assez souvent les jeunes chiens, les braques
surtout, qui sont toujours plus ardents que les
autres, courent les perdreaux qu'ainsi ils effa-

rouchent et habituent à se remettre trop loin. C'est un défaut essentiel et sans excuses ; la première fois que le chien se le permet, il faut marcher sur le cordeau pour lui donner une bonne saccade en criant : *tout beau !* S'il recommence, on a recours au fouet en répétant les mots, *tout beau !* Après quelques leçons comme celle-là, et surtout l'expérience, qui lui apprendra qu'il est inutile de poursuivre un gibier qui vole, il sera déshabitué. Quelquefois le chien, malgré le rappel de son maître, suit un perdreau que celui-ci a démonté sans s'en être aperçu ; mais, quand on est sûr de sa bonté et de sa docilité habituelles, il n'y a pas d'inconvénient à lui laisser alors, et même encore dans d'autres circonstances, un peu de liberté ; on pensera qu'il ne désobéit que parce que son instinct lui a appris quelque chose.

Beaucoup de chasseurs croient devoir suspendre leur chasse à partir du moment où la grande chaleur se fait sentir, et ils ne la reprennent que vers le soir. Ils en donnent pour raison que la grande chaleur, en échauffant le nez des chiens, lui ôte de sa finesse ; ils pourraient ajouter qu'eux-mêmes étant fatigués, ils ne sont pas fâchés de profiter de cela pour se reposer ; ils ont tort, car le moment où ils interrompent leur chasse est précisément celui où le gibier recélé prend son repos et par conséquent se laisse plus facilement joindre et arrêter. D'ailleurs si, à cause de la chaleur, le chien a moins de sentiment du gibier, par la même raison le gibier a moins de senti-ment du chien, et dès lors l'inconvénient signalé se trouve neutralisé. Aussi, quelque grande que soit la chaleur, je continue ma chasse, sans avoir jamais remarqué qu'elle diminue sensible-ment les moyens du chien, surtout si c'est un griffon. C'est même alors, et pendant que les autres chasseurs qui sont avec moi se reposent, que je fais mes plus belles chasses.

Quand on n'est plus en chasse, on fait remettre son chien derrière soi pour l'empêcher de conti-nuer à courir les champs, ce qui lui donnerait de mauvaises habitudes. La discipline, toujours la discipline ; c'est surtout par elle qu'on fait de bons chiens d'arrêt, et qu'on les conserve.

Au mois d'octobre, le chasseur doit commencer de grand matin, sans avoir besoin d'attendre la fin de la rosée. A cette époque, et jusqu'aux grandes pluies de novembre, les compagnies quittent la plaine vers huit heures du soir pour rentrer dans les bois et grandes plantations, en se remettant d'abord aux environs ; elles y passent la journée, et le soir elles retournent à pied dans la plaine.

Il est facile de reconnaître que des perdrix fréquentent un bois aux grattis qu'elles ont fait, soit le long des chemins qui le traversent, soit sur les places où l'on a cuit du charbon. Souvent elles y laissent aussi des plumes. Le chasseur commencera par faire quêter la plaine aux environs du bois pour y pousser les perdrix si elles n'y sont pas encore entrées ou si elles en sont sorties.

Au premier vol, si on est en octobre, au deuxième et quelquefois même au troisième seulement, si c'est plus tard, elles se jettent au bois où le chasseur, va les joindre après avoir mis un grelot au cou de son chien. Mais pour cette chasse au bois, où une grande partie des manœuvres du chien échappe à la vue du chasseur, un jeune chien ne convient pas du tout, car, laissé plus à lui-même, il ne manque pas de s'emporter sur les perdrix, et on n'a plus rien à faire de bon. Il faut un chien bien dressé, ayant au moins deux années de service.

Entré au bois, le chien ne tarde pas à retrouver les perdrix qu'il arrête ; reprenant leur vol, elles se reposent à environ deux cents pas plus avant dans le bois ; le chien les retrouve et les arrête de nouveau ; tirées, elles se séparent toujours sans s'écarter beaucoup. Alors le chasseur qui a dû prendre le soin de les compter quand il les a vues au vol, doit se porter de suite aux remises, afin qu'en les empêchant de se rallier, il puisse les tirer en détail. Après cela, s'il en reste encore quelques-unes, il n'a qu'à reprendre son chien et aller se reposer un instant à l'endroit même où il les a fait séparer la première fois ; quand, après dix minutes, il ne les a pas entendues rappeler, il n'est pas moins certain qu'elles sont revenues, mais à pied et sans rien dire, parce qu'elles ont peur. En requêtant tout autour de lui, il les retrouvera donc les unes après les autres, et il les tirera facilement.

Quand les perdrix se trouvent remises dans un taillis trop haut ou trop fourré où l'on aurait de la peine à les chasser et à les tirer, il n'y a pas à se gêner pour cela : le chasseur n'a qu'à les en faire sortir pour les remettre dans une position qui lui soit plus avantageuse.

A cette chasse dans le bois, souvent le chien lance un lièvre ; en l'entendant donner des voix, le chasseur doit courir à la lisière du bois et mieux encore à l'endroit où plusieurs chemins se croisent, car le lièvre y passera.

Au mois de novembre, dès les premières pluies, les restes des compagnies abandonnent les bois pour retourner à la plaine qu'elles habiteront jusqu'à la fin de l'hiver. A cette

époque, devenues très sauvages parce qu'elles
ont été souvent chassées et tirées, elles partent
toujours de fort loin, surtout dans les plaines où
il n'y a pas de remises et de fourrés. Cependant,
quand à force de les battre et tourmenter, on est
parvenu à les séparer, on peut encore tirer quelques perdrix isolées. Mais comme ce sont ces
mêmes perdrix qui doivent repeupler pour la
chasse prochaine, un vrai chasseur les ménagera
autant qu'il le pourra. Aussi, dans les terres dont
mes maîtres avaient la chasse, je ne tirais plus
les perdrix dès qu'on était au mois de décembre ;
j'avoue même que je voudrais que leur chasse
fût interdite dès le 1er février, comme c'était l'u-
sage autrefois, parce que, déjà à cette époque,
quand le temps est doux, il s'est formé des pa-
riades dont la destruction, toujours facile, occasionne un grand dommage, puisque c'est autant
de compagnies qu'on aura de moins.

Perdrix rouge.

Les perdrix rouges sont aussi communes dans le midi de la France que les perdrix grises le sont dans le nord ; on en trouve aussi dans le centre et dans l'ouest.

Fig. 48. — Perdrix rouge.

Je les ai souvent chassées aux environs de Moulins, et particulièrement sur la terre d'Orvalé ; voici ce que j'ai observé à leur sujet : d'un naturel plus sauvage que les grises, elles se plaisent dans les lieux élevés, secs et pierreux, dans les bruyères, genêts et ajoncs, dans les jeunes taillis en plaine et dans les clairières des grands bois ; rarement elles sont dans les chaumes et les empouilles.

Leur compagnie est moins nombreuse que celle des perdrix grises ; elles courent plus vite et ne se laissent arrêter qu'étant suivies par un chien sage et bien dressé ; alors, elles tiennent bien, et le chasseur a le temps d'arriver.

Au départ, leur vol est bruyant et rapide ; se remettant aussi très loin, ces perdrix sont plus difficiles à suivre de l'œil et à retrouver ; cependant, quand elles ont été relevées deux fois, on peut ensuite assez bien les rapprocher. Il y a, avec elles, cet avantage sur les perdrix grises, c'est que, se tenant en général plus écartées les unes des autres, elles ne s'enlèvent pas toutes à la fois, ce qui permet au chasseur qui bat bien le terrain aux environs de la place du premier départ, d'en tirer plusieurs successivement.

Leur tir n'est pas aussi facile que celui des

perdrix grises, parce que, au lieu de filer à l'horizon, comme le font ces dernières, elles s'élèvent d'abord presque perpendiculairement ; on ne peut donc guère mirer, et c'est plutôt au premier coup d'œil qu'il faut lâcher le coup ; aussi, le chasseur qui tire bien les perdrix grises, commence-t-il ordinairement par manquer les rouges, mais il s'y fera plus tard en observant les différences.

Quand je les avais bien battues et lassées, pour essayer de m'échapper, elles se jetaient dans l'intérieur des grands bois ; dès que je les y avais rejointes, elles se séparaient et allaient, l'une d'un côté, l'autre de l'autre, se brancher souvent très loin ; alors il fallait bien les abandonner, mais je pouvais les retrouver le lendemain aux environs du premier départ.

On ne distingue le coq de la poule qu'à un ergot derrière le pied et à un peu plus de grosseur. La perdrix rouge de l'année a, comme la grise, l'extrémité de la première plume du fouet de l'aile pointue, tandis qu'elle est arrondie chez la

vieille. La perdrix rouge est bien plus belle par
ses couleurs que la grise, et même un peu plus
grosse, mais j'ai toujours entendu ceux qui s'y
connaissent, prétendre que, comme manger, elle
ne la vaut pas.

§ III

Faisan.

Tous les faisans qu'on chasse dans notre pays sont nés ou ont été élevés, soit dans les parcs de quelques grandes propriétés[1], soit dans les forêts de l'État, d'où ils s'échappent de temps en temps et s'égarent aux environs, à la grande satisfaction des chasseurs qui en font la rencontre. C'est ainsi que j'en ai tué plusieurs pendant mon séjour en Normandie, et même encore un, il n'y a pas longtemps, dans la forêt de Montchenot, près de Reims. On m'a cependant affirmé qu'il s'en trouvait aussi quelques-uns à

---

1. Les propriétaires qui voudraient multiplier cet oiseau gibier sur leurs domaines, peuvent consulter le *Guide pour élever les faisans, colins, perdrix, cailles, paons, canards mandarins et de la Caroline, cygnes blancs et noirs*, par ALFRED TOUCHARD, 2ᵉ édit., 1 vol. in-18. Prix, *franco*, 2 fr. — A. GOIN, éditeur.

l'état sauvage dans certaines contrées du Midi ; mais, d'après ce que je sais des mœurs et habitudes des faisans, je suis assez porté à croire que ce sont encore des individus qui, échappés autrefois de parcs où ils ne se plaisaient pas, se sont reproduits dans les forêts des environs, ou même qu'on a confondu et pris des coqs de bruyères pour des faisans sauvages.

Fig. 49. — Faisan.

Les faisans, sous un climat doux, se plaisent particulièrement dans les bois bas, humides et garnis de fourrés ; ils s'y tiennent à terre tout le jour, et ce n'est que de temps en temps qu'ils vont en plaine, dans les chaumes, les prés et les terres nouvellement ensemencées. Après le coucher du soleil, ils se branchent sur les gaulis ou les chênes les plus élevés pour y passer la nuit.

Je reconnaissais qu'il y avait des faisans dans un bois, aux grattis par eux faits sur de la terre douce, aux pieds des arbres, et surtout aux plumes qu'ils y avaient laissées. Je les chassais de la même manière que les perdrix et aux mêmes heures.

À moins qu'ils ne soient surpris, ils ne se laissent pas arrêter de près ; presque toujours, ils commencent par courir vite et longtemps devant le chien ; quand, étant bien suivis et pressés, ils s'enlèvent enfin, le bruit qu'ils font en ce mo-

ment, et même leur étalage de queue, si ce sont

des coqs, en imposent toujours aux chasseurs qui les voient pour la première fois ; aussi, sont-ils ordinairement manqués. Cela m'est arrivé ; j'ai pris ma revanche depuis.

Le faisan est lourd au départ, mais quand, ayant atteint le dessus du taillis, son vol est devenu horizontal, il file rapidement. J'attendais, pour le tirer, le moment où il allait prendre ce dernier vol ; alors ses ailes et son corps offraient une grande surface au coup, et il n'était pas plus difficile à tirer qu'un perdreau ; néanmoins, à cause de la longueur de la queue, il fallait ajuster un peu en avant. J'étais heureux quand je l'avais fait tomber raide mort, car, s'il n'était que démonté, il fallait toute ma patience de chasseur et toute la bonté de mon chien pour le suivre et le prendre, tant il courait avec vitesse et faisait de détours, même de ruses.

Pour conserver l'espèce, qui n'est jamais bien nombreuse, il convient de ne tirer que les coqs, un seul suffisant à féconder plusieurs poules.

§ IV

Bécasse.

Il est reçu dans le monde que la bécasse est stupide ; elle mérite si peu cette réputation, que je soutiens, moi qui depuis soixante ans la connais dans toutes ses habitudes, qu'en chasse, il n'y a pas d'oiseau plus défiant et même plus rusé, le râle excepté. Il en est donc de la prétendue stupidité de la bécasse comme de la prétendue finesse du merle, toujours prêt à se laisser prendre au moindre piège.

Dans ma jeunesse, j'entendais les vieux chas-

1. Voir aussi sur les habitudes et la chasse de cet oiseau les ouvrages suivants, publiés par A. GOIN, éditeur, rue des Écoles, 62.

Le Chasseur à la Bécasse, par POLET DE FAVEAUX. Nouvelle édition, 1 vol. in-18, orné de 35 figures intercalées dans le texte, dessinées par FÉLICIEN ROPS. Prix, *franco,* 3 fr. 50.

Pour chasser la Bécasse, par G. DUWARNET, 1 vol. in-18. Prix, *franco,* 3 fr. 50.

seurs affirmer qu'autrefois les bécasses étaient plus communes ; à mon tour, j'en rencontre moins aujourd'hui qu'à l'époque où j'ai commencé à les chasser. La diminution progressive de cet excellent gibier est certaine, mais, à moins que ce ne

Fig. 51. — Bécasse.

soit le défrichement des bois qui augmente toujours, je n'en vois pas la cause, car, aujourd'hui on n'en tue et prend pas plus qu'autrefois.

Le passage et le repassage des bécasses se font à des époques fixes qui, cependant, en certaines années, avancent ou retardent plus ou moins,

selon le temps qu'il fait et les vents qui règnent ;
ce sont ceux d'est et de nord-est qui nous en
amènent le plus, surtout quand ils sont accompa-
gnés de brouillards. Arrivées vers le 1ᵉʳ octobre,
elles ne repartent qu'à la fin de novembre ; mais,
indépendamment de celles trop blessées pour
n'être pas en état de suivre les autres, il en reste
toujours quelques-unes qui se cantonnent pour
y passer l'hiver dans les bois où il y a des fontaines dont les eaux ne gèlent pas ; leur nombre
dépend nécessairement de la quantité et de la
longueur de ces fontaines ; j'ai cru voir qu'il en
fallait environ 100 mètres pour entretenir deux
bécasses. Le chasseur s'apercevra bien de leur
présence aux empreintes des pieds et aux fientes
laissées sur les bords. Les autres bécasses, après
avoir hiverné dans des pays plus doux, nous
reviennent vers le 10 mars, mais déjà trois
semaines après, elles nous quittent encore pour
aller plus au nord ; cependant, surtout quand le
printemps est froid ou pluvieux, quelques-unes
nichent de bonne heure dans nos bois, en dépo-

sant sans apprêt sur quelques feuilles mortes, au pied d'un chêne ou au milieu d'une cépée, **quatre** œufs qui sont beaucoup plus longs, sans doute à cause du bec, que ceux d'aucun autre oiseau.

Pendant leur séjour d'automne, les bécasses se plaisent dans les taillis de seize à dix-huit ans, où elles trouvent beaucoup de vers sous les feuilles et dans le terreau, ainsi qu'aux lisières des grands taillis et des taillis de deux ans.

A cette époque, tous les soirs, aux approches de la nuit, elles se rendent au vol aux endroits du bois où il y a de l'eau sans herbes, par exemple les ruisseaux, fontaines, mares, ornières et flaques des chemins, pour boire et se laver le bec et les pattes ; après quoi, se remettant au vol, elles gagnent les champs et les prés où elles vérotent toute la nuit ; au point du jour, elles rentrent au bois, boivent, se lavent de nouveau et retournent aux taillis ; elles y restent toute la journée, soit encore occupées à se nourrir, soit même se reposant.

Aux premières gelées, elles recherchent les

terrains humides, et peu de jours après, elles quittent entièrement le pays.

Pendant leur séjour du printemps, elles se tiennent principalement dans les taillis de dix à quinze ans; quand il fait de grands vents froids, elles vont aux endroits bas et humides; au contraire, le temps étant doux, elles préfèrent les terrains secs et les côtes exposées au midi, dans les parties les plus fourrées du bois; quand il est tombé de la neige le soir ou pendant la nuit, elles sont le lendemain matin dans les grandes clairières où il y a de l'eau de neige fondue; après huit ou neuf heures, elles retournent à pied dans les taillis.

En temps de neige, les bécasses, plus difficiles à approcher, tiennent peu.

Au printemps, elles ne vont pas aux bains comme en automne.

Depuis le milieu du mois de mars jusque vers le 1er avril, les jours où le temps est doux, chaque soir après le coucher du soleil, et chaque matin avant son lever, toutes les bécasses d'un

bois et même aussi celles des environs, passent
et repassent au vol au-dessus des taillis, soit les
unes après les autres, soit plusieurs à la fois, en
croûlant et en pipant. A ces deux moments du
jour, le chasseur, masqué dans une clairière ou
au milieu d'un jeune taillis d'où il peut découvrir
tout le terrain autour de lui, mais pas sous un
arbre, dont les branches le gêneraient et d'ailleurs feraient détourner les bécasses, les attend
au passage et les tire au vol ; il est ordinairement
prévenu de leur arrivée par leur cri qui s'entend
de loin ; mais comme alors elles filent presque
toujours très rapidement, et que même c'est à
peine s'il reste un peu de jour, ou s'il en fait
déjà, il faut avoir une bonne vue pour les distinguer et être prompt à ajuster, ainsi qu'à tirer.

Un chien est nécessaire pour trouver les bécasses qu'on tue, mais qu'on ne voit pas toujours tomber. La passée du soir dure un bon
quart d'heure, celle du matin seulement quelques minutes.

On rencontre plus de bécasses au printemps

qu'à l'automne, parce que, dans la première de ces deux saisons, elles ont deux mois pour passer, tandis que dans l'autre, elles n'ont que trois semaines ; mais elles sont toujours plus grasses en automne.

La véritable chasse aux bécasses est celle qui se fait au *cul-levé* dans les taillis, au printemps comme à l'automne ; elle est très pénible, car il ne faut pas craindre de traverser et de fouler les endroits les plus fourrés de ronces et d'épines, qui sont ceux que la bécasse habite le plus ordinairement, et c'est à cause de cela qu'il y a si peu de chasseurs qui la pratiquent sérieusement ; je n'en connais même qu'au delà de Rocroi, sur la frontière de la Belgique. Quant à moi, cette chasse me rebute si peu, que de toutes celles au chien d'arrêt, c'est elle que je préfère et qui m'intéresse le plus.

Il n'y a rien à faire sans un bon chien d'arrêt, sage et bien dressé ; mais dans un bois épais on ne peut pas toujours le suivre, ni même voir ce qu'il devient ; si donc il y était à l'arrêt devant

une bécasse sans qu'on s'en fût aperçu, non-seulement on perdrait du temps avant de le trouver,
mais même, s'il n'était pas très ferme, impatienté
de ne pas voir arriver le chasseur, et s'entendant
rappeler, il pourrait bien rompre son arrêt qui
alors n'aurait servi à rien ; en outre, on ne saurait
pas de quel côté la bécasse ainsi levée serait
allée. On obvie à cet inconvénient en attachant au
cou du chien un collier garni d'un grelot dont le
son n'effraie pas la bécasse, et permet au chasseur qui ne voit plus son chien, de continuer
néanmoins à le suivre de l'oreille dans sa quête ;
lorsqu'il n'entend plus rien, preuve que le chien
arrête, il se dirige du côté d'où sont partis les
derniers sons du grelot ; il trouve le chien immobile, car, dans les fourrés surtout, la bécasse se
tient ferme à l'arrêt.

Après avoir à bon vent tourné le chien, le
chasseur avance sur la place où il peut croire
qu'est la bécasse pour la faire partir lui-même.

On comprend qu'à cette chasse, où l'on est
continuellement gêné par les branches et les

ronces, un fusil court soit plus commode qu'un long.

La bécasse au départ a le vol lourd, et fait beaucoup de bruit avec ses ailes ; elle offre alors une assez grande surface au plomb, mais, dans un taillis élevé, on l'ajuste difficilement, parce qu'elle est obligée de faire des détours et des crochets pour passer entre les branches, et qu'ainsi elle disparaîtrait bientôt si on ne la tirait pas au premier coup d'œil, comme je le fais toujours, sauf, l'ayant manquée, à lui envoyer mon second coup au moment où, après avoir dépassé le haut du taillis, elle va commencer à prendre un vol horizontal et rapide.

Quand elle part dans un taillis découvert ou dans une clairière, elle n'a plus à éviter les branches, mais, par ruse, elle fait encore des crochets, et même elle essaie de se masquer en plongeant derrière des broussailles ; là aussi je la tire au premier coup d'œil, sans attendre qu'elle ait terminé ses crochets.

Démontée, elle ne court pas longtemps sans

que le chien la prenne, quoique souvent alors elle fasse des détours et même se rase.

Il faut toujours bien remarquer l'endroit où une bécasse manquée ou non tirée s'est remise, et s'y rendre de suite; ordinairement ce n'est pas loin, et le chien peut facilement l'arrêter une seconde fois; cependant, si elle est relevée, elle se remet déjà plus loin, parce qu'elle commence à connaître le chasseur et à s'en défier; si donc le chien la retrouve encore, non-seulement elle ne se laisse pas arrêter une troisième fois, mais elle s'éloigne tout à fait, presque toujours même sans qu'on voie de quel côté, pour se jeter soit sur la lisière du bois, soit au bord d'un chemin, soit au fond d'un fossé, soit dans un jeune taillis, soit même dans des ramilles ou tas de fagots, partout enfin où elle espère trouver un refuge contre la poursuite du chasseur et du chien. C'est au chasseur à deviner où elle peut être, mais ce n'est pas du tout chose facile, et plus d'une fois ma patience y a été mise à l'épreuve; néanmoins, je continue ma recherche tant qu'il reste de l'espoir, car il y a là quelque part une bécasse que j'ai entreprise, que je connais, que je puis et même dois retrouver en persistant, tandis que, si je l'abandonnais pour essayer d'en rencontrer une autre, peut-être n'y parviendrais-je pas ; quand on prend de la peine, il vaut toujours mieux que ce soit pour le certain que pour l'incertain. Ce n'est qu'en faisant comme cela que j'ai dans ma vie tué tant de bécasses ; je dirai même que l'habitude de finir par les retrouver, m'a donné une espèce d'instinct pour deviner où elles sont allées se remettre.

Après le premier vol de la bécasse, et même encore après le second, on peut se rendre de suite à la remise, mais au troisième il faut lui laisser quelques minutes pour se rassurer ; autrement, elle repartirait de trop loin.

Également à son premier vol et même encore au second, elle cherche, pour se remettre, une place qui lui soit commode, par exemple où il y a des feuilles mortes et de la terre douce sans herbes ; quand elle ne la trouve pas du côté où elle s'était d'abord dirigée, elle fait de grands crochets et plonge à droite et à gauche jusqu'à ce qu'elle l'ait rencontrée. Cette manœuvre de la bécasse trompe les chasseurs qui ne connaissent pas encore ses allures et leur fait faire souvent des courses inutiles, parce qu'ils vont la requêter du côté où ils l'ont vue aller d'abord, tandis qu'on ne doit le faire qu'aux environs des places qu'on sait lui convenir selon le temps et la saison, quand bien même elle aurait paru se diriger ailleurs.

Cependant, à son troisième vol, elle ne choisit plus la place pour se remettre, parce que, en ce moment, elle ne pense plus, se sentant menacée, qu'à sauver sa vie.

Assez souvent dans un taillis épais, on ne peut voir ce que la bécasse est devenue après le coup de fusil ; pour peu que le chasseur ait l'espoir de l'avoir touchée, ce dont avec de l'habitude on se rend assez bien compte, il doit de suite envoyer son chien en lui criant : *cherche ! apporte !* du côté où il pense qu'elle est tombée. Si le chien ne

rapportait pas, ce ne serait point une raison de
croire que la bécasse n'est pas morte, car il aurait pu l'avoir trouvée sans avoir voulu la ramasser, les chiens en général répugnant d'abord à
rapporter ce gibier dont même ils ne mangent
jamais ; aussi le chasseur ferait bien d'aller lui-
même avec son chien faire une nouvelle recherche.

On chasse aussi d'une manière très amusante
les bécasses en battue : sans faire attention au
vent, on prend de petites enceintes dans un bois
qui n'est pas trop fourré ; les rabatteurs auxquels
on a recommandé de faire du bruit, et surtout de
bien fouiller les ronces, épines, broussailles, marchent en ligne très près les uns des autres ; il
n'est pas inutile qu'ils aient avec eux des petits
chiens qui entreront dans les fourrés les plus
épais, et qui préviendront, en donnant des voix,
du départ de la bécasse.

Les tireurs, placés à l'autre extrémité de l'enceinte, auront des *remarqueurs*, c'est-à-dire de
jeunes garçons qui, montés sur des arbres, aper-

cevront les bécasses, s'assureront des remises, et les indiqueront, afin qu'après la battue, les tireurs aillent les relever avec leurs chiens d'arrêt. On gagne ainsi du temps, et même il est difficile qu'une bécasse échappe, car, si elle n'a pas été tuée dans une enceinte, elle sera retrouvée dans une autre.

Au mois d'octobre, à vingt-cinq pas de l'un des endroits où l'on a reconnu aux traces des pieds, aux fientes et aux plumes, que des bécasses ont l'habitude de venir boire et se baigner, on dispose un affût avec des branches entre lesquelles est ménagé un trou tant pour faire passer le canon du fusil que pour voir ; on doit s'y tenir en toute attention, et bien préparé à tirer au moment même où la bécasse s'abat, car, très défiante, elle se pose, écoute avant de se baigner, et au moindre bruit ou mouvement, elle repart à l'instant ; quelquefois même elle ne fait que boire à la hâte, et tout aussitôt après s'envole.

Quand on vient de tuer ainsi une bécasse, il ne faut pas sortir pour aller la ramasser, car il pour-

17

rait en arriver une nouvelle qui, à la vue du chasseur, retournerait. D'ailleurs, ce ne serait pas la peine, le temps de cette chasse étant extrêmement court. J'en ai ainsi tué jusqu'à trois en un seul soir.

Dans les matinées, on peut aller surprendre les bécasses qu'on sait hiverner ; levées d'une fontaine, elles vont se reposer sur une autre, ou bien dans un fourré aux environs ; elles n'échapperont pas à un chasseur actif.

On attend aussi en octobre, soirs et matins, les bécasses aux endroits par où elles passent pour se rendre du bois à l'eau et à la plaine, ou pour en revenir ; ce sont ordinairement les chemins droits, les vallons, les clairières ; leur vol est alors très rapide et elles ne disent rien ; mais, si on est bien placé, on peut en un instant en voir et tirer beaucoup.

On me pardonnera de parler de battue et d'affût, car les bécasses ne sont que des oiseaux de passage. D'ailleurs, si on n'avait pas recours à ces moyens, le produit de la chasse aux bécasses serait bien insignifiant.

Les bécasseaux nés dans le pays, et qui sont ordinairement au nombre de quatre que le père et la mère accompagnent, se mettent au vol et même sont déjà assez forts pour être tirés dès la fin de mai. En visitant dès le milieu de ce mois, quand il fait sec depuis plusieurs jours, les mares, ruisseaux, chemins, fossés, enfin tous les endroits où la terre est douce, humide ou boueuse, on reconnaît facilement aux traces des pieds, aux fientes et surtout aux piqûres, qu'il y a des bécasseaux dans un bois, car ils ne vont pas ailleurs aux vers, leurs becs étant alors encore trop tendres pour percer la terre comme le font les bécasses.

On ne peut bien les tirer au départ que dans une clairière, un jeune taillis, ou un chemin, parce que, dans d'autres endroits, les feuilles et les branches empêcheraient de les voir assez longtemps pour les ajuster ; cependant, comme ils se remettent toujours à peu de distance, on n'aurait pas de peine à les retrouver.

Au mois de juin, ils se posent le soir sur les

chemins où les voitures ont fait des ornières, et ils y cherchent des vers toute la nuit ; quand le temps est beau depuis plusieurs jours, on les tire à terre au moment où ils s'abattent.

Au mois de juillet, ils passent et repassent, soir et matin, en croûlant et en pipant, comme les bécasses au mois de mars. Pour les tirer, on n'a qu'à se poser aux environs de l'endroit où ils se tiennent le plus habituellement.

Au mois d'août, les bécasseaux passent au nord d'où ils nous reviennent tout au commencement d'octobre comme premières bécasses.

Les bécasses sont à leur point pour être mangées quand le dessous de leurs pattes est desséché.

Une particularité remarquable de la bécasse, c'est qu'elle emporte ses petits sous ses pattes quand elle est tourmentée, pour les changer de cantons, qui doivent toujours être des lieux humides.

§ V

Tétras ou Coq de bruyère.

Je n'ai jamais chassé le tétras, ou coq de bruyère, parce qu'il ne s'en trouvait pas, à mon grand regret, dans les divers pays que j'ai parcourus ; mais plusieurs chasseurs dignes de confiance m'en ont parlé comme le connaissant.

En France, on n'en trouve guère que dans les montagnes des Vosges, du Dauphiné et des Pyrénées, où ils vivent principalement de graines de sapin, de fruits sauvages, etc.

On ne peut les tirer qu'en les surprenant, tant ils sont défiants et farouches. Cependant, les jeunes se laissent quelquefois arrêter.

Complétons ce trop court chapitre par les lignes.

suivantes que nous empruntons au *Nouveau traité des Chasses à tir et à courre* [1] :

« On peut considérer ce qui va suivre comme une notice nécrologique.

« Il est loin de nous le temps où Belon écrivait : « l'on ne sauroit passer les monts en aucune sai- « son de l'hyver qu'on ne puisse voir des tétras, es « hosteleries ou es chaircuiteries des villages de « Savoye ou Auvergne situez par les montaignes. »

« Aujourd'hui, ce privilège est réservé à quel- ques magasins de comestibles de la moderne Babylone dans laquelle l'industrie de la gueule fait converger ce qu'il y a d'opime dans les pro- ductions du monde entier.

« Et parmi ceux de ces magnifiques oiseaux qu'ils exhibent, combien y en a-t-il d'indigènes ? A peine le dixième ! Un habitant des Vosges, la seule région française avec le Jura et quelques parties des Pyrénées où l'on puisse se vanter

1. 2 vol. in-8°, ornés de nombreuses figures dans le texte, Prix, *franco*, 20 fr. AUGUSTE GOIN, éditeur.

d'avoir vu voler le grand coq de bruyère, nous assurait dernièrement, qu'il était sans exemple qu'un chasseur de son pays fût parvenu à abattre une demi-douzaine de tétras dans toute sa saison de chasse.

« C'est une espèce qui disparaît comme l'outarde barbue, et comme l'outarde canepetière ; mais sa disparition ne s'explique pas comme celle de ces derniers oiseaux, par les défrichements des terres incultes ou marécageuses, par l'accroissement des populations, par la multiplication progressive des agglomérations ; la responsabilité de cette disparition revient tout entière à l'inintelligence humaine : les forêts montagneuses, séjour exclusif des tétras, ne sont ni moins étendues, ni moins solitaires ; le soleil d'août n'a pas cessé de rougir les baies de myrtille de leurs bruyères ; les aigrettes d'émeraudes des conifères ne sont pas moins tendres, moins savoureuses que par le passé. Au souffle tiède du printemps, les branches des coudriers se chargent toujours de ces pendeloques jaunâtres que les coqs affectionnent ; ni les vivres ni le couvert ne leur manquent : ce qui aura manqué à ces pauvres oiseaux, ce sera un peu de modération chez les chasseurs, un peu de prévoyance chez les posses- seurs des bois où ils pullulaient au temps de Belon. Faute de l'une et de l'autre, le dernier des tétras sera bientôt abattu et cela, lorsque l'Angleterre conserve et propage les siens, con- curremment avec les grouses dans les montagnes des Highlands ; et cela, lorsque les traditions conservatrices perpétuent l'Auerhahn dans les forêts de l'Allemagne.

« Hâtons-nous donc de parler des tétras ; les morts vont vite par le temps qui court ! Nous sommes au printemps, saison des amours, et aussi hélas ! saison des fins tragiques pour les coqs de bruyère. Qui sait, si à l'heure où nous écrivons, le fusil des braconniers nous a laissé le prétexte de vous entretenir de ce noble oiseau à titre de gibier.

« Il existe en Europe trois espèces de tétras. Le grand tétras, *tetrao urogallus* de Cuvier,

Auerhahn, coq sauvage des Allemands, *fig.* 46 ;
le tétras à queue fourchue, *tetrao tetrix*, *Birk-
hahn*, coq des bouleaux chez nos voisins de

Fig. 46. — Grand tétras.

l'est, *fig.* 47, et le petit tétras à queue pleine,
tetrao bonasia, vulgairement nommé *Gelinotte*,
Poule des coudriers.

« Nous avons indiqué les régions françaises
que le grand coq de bruyère n'a pas complètement
abandonnées. On doit y ajouter les départements
du Rhin, des Alpes, de l'Hérault, où l'on peut

affirmer que l'on a rencontré un de ces oiseaux
sans être trop exposé à passer pour un menteur.
Mais c'est là seulement que nous en possédons
quelques échantillons. En revanche, la grande
espèce est largement représentée en Souabe, en
Bohême, en Hongrie et dans plusieurs autres
parties de l'Allemagne. On la trouve encore en
Russie, en Norwège, en Écosse.

« Le grand tétras est aussi remarquable par
l'ampleur de ses formes, que par le magnifique
coloris de son plumage. C'est un énorme oiseau
dont le poids varie entre 5 et 8 kilogrammes ;
son envergure est médiocre et son vol, bien
qu'assez puissant, n'a point les audaces qui caractérisent le vol des rapaces ; mais sa physionomie
et sa prestance révèlent cette fierté calme et
sereine que donne l'indépendance et le sentiment
de la force : sa tête et son col sont d'un noir
ardoisé, une sorte de plaque d'un bel écarlate
entoure la partie supérieure de l'œil. Le dessous
du bec est garni d'une barbe de plumes noires,
sorte d'impériale, qui souvent, lorsque l'oiseau

vole, pend complètement et s'aperçoit d'assez loin. Sa poitrine est d'un vert foncé à reflets métalliques, lesquels vont en s'effaçant et en diminuant d'intensité sous le ventre. On remarque sous cette partie de son corps des taches blanches dont le nombre et l'intensité diminueraient, d'après Buffon, à mesure que l'oiseau avance en âge. Les chasseurs des Vosges nous ont assuré, au contraire, que ces taches sont plus nombreuses et plus apparentes chez les vieux tétras que chez les jeunes.

« La femelle du grand coq de bruyère est incomparablement plus petite que son mâle ; les plus grosses pèsent rarement plus de 2 kilogrammes. Buffon a encore commis une grande erreur en lui attribuant une livrée plus brillante que celle du mâle. C'est à peu près aussi exact qu'il le serait de prétendre que la poule faisane est plus richement habillée que son coq, et le surnom *de rousse* que l'on donne à la femelle du coq de bruyère dans les Vosges, indique péremptoirement la nuance dominante de son costume.

« Les grands tétras habitent la partie intermédiaire des versants des montagnes; bien rarement et seulement lorsqu'ils sont attirés par le semis de résineux, ils descendent dans les bois qui garnissent leurs plus basses ondulations. Ils mangent les feuilles et les sommités du sapin, du genévrier, du cèdre, du saule, du bouleau, les baies de myrtille, de la ronce, du framboisier sauvage, les fruits du hêtre, les amandes qu'ils trouvent dans les pommes de pin. Comme tous les gallinacés, ils sont friands d'œufs de fourmi dans leur jeunesse. Leurs habitudes sont très sédentaires, ils passent du bois à la bruyère et de la bruyère au bois, mais sans se montrer au gagnage dans les champs cultivés qui avoisinent les forêts. Très braves, très forts, ils se défendent contre les petits carnassiers ; les oiseaux de proie, l'aigle excepté, ne s'attaquent pas à eux.

« Le grand tétras entre en amour vers le milieu du mois de février; les ardeurs printanières sont plus prononcées chez cet oiseau que chez tout autre, elles se prolongent jusqu'au mois de mai, époque où commence la ponte des femelles.

. . . .

« La ponte se termine avec le mois de mai ; le nombre des œufs est très variable : quelquefois il est de six, d'autres fois il va jusqu'à quatorze. Cette inégalité dans la production n'est point particulière au grand tétras, elle caractérise l'espèce tout entière. Dans l'Ardenne belge où nous avons beaucoup chassé le tétras à queue fourchue, les chasseurs prétendent que le nombre des œufs va en augmentant à mesure que la femelle augmente en âge.

« Le nid est fait sans art et déposé dans une touffe de bruyère, au pied de quelque sapin.

« La femelle couve assidûment ; elle se montre tellement attachée à ses devoirs maternels, que non-seulement l'apparition d'un homme ou d'un chien ne la décide pas à quitter son nid, mais qu'elle s'élance quelquefois contre celui qui essaie de lui ravir ses œufs.

La durée de l'incubation est de vingt-quatre à vingt-cinq jours ; les jeunes coqs courent en sortant de la coquille. — Comme tous les oiseaux polygames, le mâle ne partage pas les soins de l'incubation avec les femelles.

« Pendant les premiers mois de leur existence, les jeunes tétras ont la livrée grise et rousse de la mère. A la fin d'août, ils subissent leur première mue, et se remplument *maillés* comme les faisans et les perdrix, chaque sexe prenant ses couleurs caractéristiques.

. . . .

« Buffon prétend que les compagnies restent unies jusqu'au printemps : nous ne le pensons pas. A dater du mois d'octobre, nous avons toujours rencontré les tétras des deux espèces, isolés. En hiver et surtout par le temps de neige, nous les avons revus en bande, mais ces bandes étaient beaucoup trop nombreuses pour qu'elles fussent formées des seuls membres d'une famille de ces oiseaux.

« Le tétras à queue fourchue, *Birckhahn*, *Coq des bouleaux*, n'a pas été plus heureux que le chef de file de son espèce. Fort commun autrefois dans les montagnes des Pyrénées et de l'Auvergne, il en a complètement disparu. Toussenel affirme qu'il en subsiste quelques spécimens sur les versants alpestres du Dauphiné, dans le Jura

Fig. 47. — Tétras à queue fourchue.

et le Bugey. On n'en saurait plus trouver un seul exemplaire dans l'Ardenne française ; le piqueur Clamart n'en parle que par ouï-dire. En revanche, ils se sont conservés en quantités honorables dans l'espace assez circonscrit de l'Ardenne belge qui s'étend de la jolie ville de Spa à celle de Saint-

Hubert ; ils sont assez multipliés dans les forêts montagneuses de la rive gauche du Rhin ; très communs, en Suisse, en Russie, en Pologne, en Écosse.

« Plus petit des deux tiers que le grand coq de bruyère, d'un volume qui ne dépasse pas celui du faisan, d'un poids qui ne va pas au delà de 2 kilogrammes, le tétras à queue fourchue reproduit la forme et les dispositions du plumage de son congénère de la grande espèce. Il y a cependant entre ces oiseaux des différences essentielles de mœurs et d'habitude ; en outre, les reflets métalliques du plumage sont plus vifs, plus chatoyants sur la robe du petit tétras que sur celle du grand coq de bruyère ; cette robe est moins largement et moins fréquemment maculée de taches blanches ; la membrane sourcillière plus étendue, est d'un rouge plus carminé. Enfin, il se caractérise par cette bifurcation de la queue qui a servi à le dénommer ; le plumes rectrices se partagent et s'inclinent à droite et à gauche en forme de volute.

« La femelle de cette variété est également habillée de roux.

. . . .

« Son nid consiste en quelques feuilles rassemblées dans une excavation au pied d'un arbre, d'une touffe de genévrier ou de houx. Quelques écrivains ont exagéré le nombre de leurs œufs ; il est, dans cette espèce, de six, si la femelle est jeune, d'une douzaine, lorsqu'elle a plus de trois ans. On comprend par conséquent, combien, dans une chasse bien ordonnée, il importe de ne jamais tirer les poules, puisque ce ne sera qu'après un certain âge qu'elles donneront des couvées considérables.

. . . .

« Le grand coq de bruyère se chasse au chien d'arrêt pendant le mois de septembre ; à cette époque de l'année, les instincts méfiants et farouches qui le caractérisent n'étant pas encore développés chez les jeunes, on peut les approcher, surtout lorsqu'ils auront été levés et tirés deux ou trois fois. Plus tard, ils partent de fort loin dans les taillis les plus épais; et ne se laissent

Fig. 48. — Chasseur tirant un coq de bruyère.

arrêter que par les grands vents. Lorsque le
temps est sec, on est à peu près certain de les

trouver à terre ; lorsqu'il a plu, ils sont branchés ; aussi, tandis que le chien quête, à bon vent, le chasseur doit-il examiner attentivement les arbres qu'il rencontre, car, ainsi que les gelinottes, le coq perché ne se décide ordinairement à s'envoler que lorsqu'il se voit découvert.

« Quelques chasseurs se servent d'un roquet auquel ils font battre une enceinte. Le coq s'intimide peu d'un aussi faible ennemi. Il ouvre à peine ses ailes pour se réfugier sur un arbre à quelques mètres du sol. Le chien aboie comme s'il s'agissait d'un écureuil ou d'un chat, et, quelquefois on peut arriver à portée de l'oiseau préoccupé de son premier visiteur. Les petits épagneuls de Norfolk conviennent parfaitement à une chasse de ce genre.

« Le grand tétras a beaucoup de fumet et les chiens l'éventent et l'arrêtent de fort loin. Bien que ses pattes duveteuses soient fort courtes, en proportion du volume de son corps, il court très vite, mais cependant ne piète jamais longtemps devant le chien ; aussi, lorsque vous voyez celui-ci, après un arrêt, précipiter sa menée, devez-vous en conclure que votre gibier va se lever.

« Il s'envole lourdement et avec un bruit si formidable, que l'émotion qu'il produit ainsi chez le chasseur, contribue souvent à lui sauver la vie. Lorsqu'il est lancé, son vol est rapide. Cette lourde masse en fendant l'air produit un sifflement qui se rapproche de celui du boulet.

« En automne on tire quelques coqs de bruyère en appuyant sous bois les chiens courants. On en tue toujours un certain nombre dans les traques. Les chasseurs des Vosges les tirent avec de la grenaille moulée de quatorze à seize grains par charge; les braconniers qui ne l'ajustent le plus souvent que posé et tandis qu'il rallie ses poules pendant la saison des amours, emploient contre lui les chevrotines et quelquefois la balle franche.

« Le grand tétras est-il un bon manger? Hippocrate dit oui et Galien dit non. Lss uns prétendent que sa chair est l'ambroisie dont Jupiter nourrissait les dieux de son Olympe et les autres déclarent qu'elle est d'une amertume insupportable.

« Ces deux assertions sont également justifiées : personne n'a tort et tout le monde a raison. En automne, lorsque le grand tétras se nourrit exclusivement d'insectes, de baies, de myrtille et de mûres, il peut, pourvu qu'on le laisse convenablement mortifier, fournir un rôti distingué. En hiver et au printemps, lorsqu'il a traversé le régime des aiguilles et des bourgeons de sapin, c'est tout autre chose : l'âcre saveur de la résine que distille continuellement son estomac est passée dans toute sa personne, et les ressources de l'art culinaire sont impuissantes à la dissimuler.

« Nous avons cependant entendu recommander de laisser mariner les vieux coqs dans un bain de lait quotidiennement renouvelé, mais nous n'avons pas essayé de la recette.

« Les tétras à queue fourchue se chassent comme les grands coqs de bruyère au chien d'arrêt, en battue, etc.; mais toujours plus communs, plus nombreux que les *Auerhahns!* leur poursuite est autrement productive et par conséquent incomparablement plus attrayante.

.   .   .   .

« On les quête de grand matin dans les cantons où leur présence a été signalée : cette heure est toujours plus favorable que celles de la journée, parce qu'alors ils piètent pour glaner leur déjeuner et que le chien a plus de chance de tomber sur leur piste.

« Un chien de haut nez, souple, docile et solide, est nécessaire pour chasser le petit tétras comme pour chasser la bécasse : après un premier vol, les jeunes coqs se lèvent difficilement, marchent beaucoup, croisant et recroisant leurs voies, se relaissant à chaque instant. Mais, en revanche, comme généralement alors, ils partent les uns après les autres, si l'on est secondé par un bon collaborateur et doué soi-même de patience et d'entêtement, si l'on a quelques connaissances des habitudes et des défenses des tétras, on parvient souvent à abattre une demi-douzaine de ces oiseaux dans une séance, ce qui constitue

à notre gré le plus superbe butin que puisse
rêver un chasseur ambitieux.

« A l'ouverture générale, on tue encore quelques coqs à queue fourchue; mais à dater du
15 septembre, il faut se résigner à les admirer
de loin. »

§ VI

Gelinotte.

Quoique j'aie chassé dans les forêts de sept départements, je n'ai jamais rencontré de geli-

Fig. 49. — Gelinotte.

nottes ailleurs que dans la partie de celui des Ardennes entre Monthermé et Carignan, et aussi sur le territoire belge, appelé l'Ardenne, qui est en face : elles n'y sont même pas communes. On m'a cependant affirmé qu'il y en avait encore dans certains autres pays de montagnes boisées, comme les Vosges et le Dauphiné.

Je n'ai jamais connu des oiseaux plus farouches que les gelinottes ; un peu plus grosses que les perdrix grises, elles n'habitent que les grandes forêts où, se tenant en compagnie de huit ou dix chacune, elles se nourrissent d'insectes, de fruits sauvages, graines de genêts, sapin, baie de myrtille, de ronces, de sureau, etc.

Leur vol est difficile et bruyant au départ, mais elles courent très vite, et elles se laissent rarement approcher, encore moins arrêter par le chien.

Quand, en les surprenant, j'avais pu les tirer, elles allaient de tous les côtés se percher sur les grands chênes des environs, et tel bruit que je fisse alors pour les déterminer à repartir, cachées au plus épais du feuillage, elles ne bougeaient pas : ce n'était jamais qu'après beaucoup de peine que je pouvais en découvrir une ou deux que je tirais très facilement.

Voici comment j'en ai tué le plus : à l'automne, je m'arrêtais à l'endroit même d'où j'avais fait lever une compagnie ; après un silence de dix minutes, je donnais d'un appeau imitant le cri de rappel des gelinottes ; à l'instant, elles descendaient des arbres, et, sans défiance, accouraient près de moi de tous les côtés ; mais si, après les avoir tirées, je voulais les appeler de nouveau, il ne m'en venait plus aucune.

Pour compléter ces renseignements, nous empruntons les lignes suivantes au *Nouveau traité des Chasses à tir et à courre :*

« La gelinotte est de la grosseur d'une perdrix rouge parvenue à sa croissance ; son plumage, comme celui de la bécasse, est d'une véritable beauté dans ses teintes sombres et modestes ; son corps d'un gris cendré est parsemé de points bruns et roux ; sur le dos des raies noires, vigoureusement accusées, se détachent sur un fond blanchâtre ; les ailes sont pointillées de roux et la queue cendrée et tachée de noir, ses pennes se terminent par une large bande d'un noir velouté remarquable par la solution de continuité qu'elle présente à son milieu. Comme chez les tétras, le mâle a au-dessus des yeux une peau d'un rouge vif ; cette espèce de caroncule est entourée de trois taches d'un blanc très pur. Le mâle présente encore sur sa gorge une large plaque d'un noir très net, très accentué ; les pattes et les jambes des gelinottes des deux sexes sont garnies d'un duvet grisâtre, les ongles et les doigts affectent une teinte plus brune que le reste des extrémités inférieures. Les couleurs de la femelle sont moins vives, elles offrent des oppositions moins violentes, elle n'a jamais de plaque noire sous la gorge.

« La gelinotte reçoit dans les pays d'où elle est indigène, des appellations différentes et toujours caractéristiques : on la nomme, *poule des bois, poule sauvage, poule des coudriers.* Toussenel la classe parmi les pulvérateurs sylvicoles.

« Buffon prétend qu'elles s'accouplent dès les mois d'octobre et de novembre ; il eût été plus exact de dire qu'elles s'apparient à cette époque : les couples passent l'hiver deux à deux, mais ce n'est qu'à la saison des amours qu'ils s'occupent des soins de la reproduction. Il est vrai que cette saison sonne pour eux bien plus tôt que pour d'autres oiseaux ; les gelinottes sont encore plus ardentes que les tétras ; vers le mois de janvier elles commencent à céder aux lois de la reproduction.

« La ponte est de douze à dix-huit œufs que la femelle dépose dans un nid grossier, placé à terre. La durée de l'incubation est de vingt et un jours. Les petits trottent en sortant de la coquille ; le père et la mère se partagent les soins de l'éducation des enfants ; bien que les coqs de gelinottes ne montrent pas une fidélité exemplaire, et qu'ils soient disposés à chercher des consolations immédiates si leur femelle les abandonne, ces oiseaux paraissent devoir être rangés parmi les monogames.

« La chair de la gelinotte est exquise, les Romains en faisaient le plus grand cas et les Hongrois disent qu'un rôti de gelinotte est un manger de roi qui peut être servi deux fois de suite sur la même table. »

CHAPITRE V

CHASSE AU MARAIS, SUR LES ÉTANGS ET DANS LES RIVIÈRES

A LA FIN DE L'ÉTÉ, EN HIVER ET AU PRINTEMPS

CONSIDÉRATIONS GÉNÉRALES

Quand on est d'une santé robuste, qu'on ne craint ni l'eau, ni le froid, ni la fatigue, qu'on tire bien, qu'on a un bon chien, et qu'on connaît bien les localités, cette chasse offre des attraits peut-être plus qu'aucune autre, à cause de la quantité de gibier qu'on rencontre et de sa variété ; elle a encore le mérite d'être ouverte [1] à

---

1. Dans le département des Ardennes, la chasse au marais, sur les étangs et les rivières s'ouvre le 1er août, et elle n'est fermée que le 15 avril ; par conséquent, elle dure huit mois et demi.

des époques où les autres chasses sont fermées ou bien ne produisent plus rien.

En entrant au marais, il faut, surtout au commencement de la chasse, tenir son chien sous sa main et même, si l'on craint qu'il s'emporte et courre le gibier, lui mettre au cou un long cordeau traînant, qui servira à l'arrêter et à le corriger.

Quand un jeune chien a été dressé au collier de force, la chasse au marais pendant le mois d'août le préparera très bien pour celle en plaine du mois de septembre.

Après avoir pris l'avantage du vent, excepté pour les bécassines, on avance sans se presser, mais aussi sans rien négliger du terrain, on fouille tout ce qui peut recéler du gibier, on observe avec attention les remises, on s'y rend, on retourne même aux endroits où on était déjà passé et on y trouve du gibier échappé aux premières recherches ou revenu depuis sans qu'on l'ait vu; ainsi la chasse dure autant qu'on le veut.

Au marais, surtout quand il fait chaud, le nez des chiens perd souvent de sa finesse par l'effet des miasmes échappés de la boue ; dès qu'on s'en aperçoit, il faut faire sortir le chien du marais, et ne le remettre en chasse que séché et reposé.

J'ai expliqué à l'article des principes généraux de la chasse, comment il faut ajuster sur l'eau et pourquoi il convient de se servir, pour tirer les oiseaux d'eau, d'un plomb plus fort que celui de la plaine.

Les griffons et les épagneuls sont les seuls chiens vraiment propres à la chasse au marais, car les braques et surtout les chiens anglais, craignent trop l'eau et le froid pour y faire un bon service, et même ils y gagnent bientôt des rhumatismes.

Pour se préserver du désagrément d'avoir les pieds humides, certains chasseurs se servent de bottes-pantalon en étoffe de caoutchouc ; mais cela s'use trop vite, et je préfère de beaucoup les grandes bottes en cuir brun, légères, souples, et cependant très solides, des chasseurs des marais de la Picardie, qui s'attachent une ceinture autour des reins. J'ai tout simplement des bottes en bon cuir de vache qui remontent jusqu'à l'enfourchement, et qui ne prennent pas l'eau parce que j'en ai soin. Pour les empêcher de durcir et pour les conserver, la veille du jour où je dois en faire usage, je les graisse, principalement aux coutures, avec du beurre frais, et, en même temps, près d'un feu clair, je les manie bien pour imprégner le cuir et l'adoucir. Le lendemain de la chasse, quand elles sont séchées, je recommence l'opération. J'ai éprouvé que les graisses composées font trop vite durcir et même fendre le cuir.

Canards, Sarcelles, Foulques et Poules d'eau.

La famille des canards sauvages est composée d'un grand nombre d'espèces dont quelques-unes seulement sont connues en France, mais sous des noms qui diffèrent dans chaque province; voici celles qu'on rencontre le plus habituellement : le canard proprement dit, le siffleur, le garot, le rouge, le morillon, le pilet, etc. Ils sont tous très défiants et même rusés, par conséquent difficiles à chasser. Leur passage se fait à l'automne et au printemps, mais il reste toujours quelques canards qui, appariés dès le 15 mars, établissent quinze jours ou trois semaines après leurs nids à terre, soit près des mares, rivières ou étangs entourés de bois, soit dans des bruyères ou taillis, d'où les canes conduisent leurs petits sur l'eau par les coulants ou les fossés les plus proches ; quelquefois aussi, elles font leurs nids sur de grosses têtes de saules ou même sur de grands arbres, dans de vieux nids de buses ou d'écureuils.

Fig. 60. — Cane conduisant ses petits à l'eau.

Aussitôt les petits éclos, elles les prennent sous l'aile, et les transportent avec le bec les uns après les autres sur les rivières, mares ou étangs des environs, où elles les élèvent au milieu des roseaux. Tous les mâles qui, pendant que les canes couvaient, s'étaient réunis en une seule bande, vont alors les retrouver. Quand les canes craignent pour la sûreté de leurs halbrans, les lieux où ils sont étant trop fréquentés, elles les quittent pendant le jour, et ne reviennent à eux que pendant la nuit.

Il y a un moyen aussi simple que sûr de savoir s'il y a des halbrans sur un étang, et même combien de compagnies : on se rend à l'étang avant le jour, et dès qu'il commence à paraître, on entend de divers côtés les canes rappeler leurs halbrans pour les rallier et les faire rentrer dans les roseaux.

Les halbrans sont déjà aux deux tiers de leur grosseur que les plumes manquent encore à leurs ailes ; ils ne peuvent commencer à s'en servir que vers le 20 juillet au plus tôt, et c'est seulement alors qu'ils sont bons à tirer.

En faisant de grand matin le tour de la mare ou de l'étang ou en longeant la rivière, on les surprend barbotant sur les bords, principalement aux places où il y a des joncs et des roseaux qui les masquent un peu ; s'ils n'ont pas encore vu

le feu, ce n'est que quand le chasseur est arrivé
tout près d'eux qu'ils s'enlèvent, la cane donnant
le signal et partant la première; quand ils ne
sont pas encore capables de voler, ils plongent,
filent entre deux eaux et vont se cacher de tous
les côtés, dans les herbes ou les roseaux. Mais
c'est toujours la cane qu'il faut tirer d'abord,
parce que les halbrans, privés de leur guide, se
laisseront plus facilement aborder, et même,
après le premier coup de fusil, se sépareront et
se raseront comme des perdreaux ; ils abandon-
neront aussi plus tard l'étang ou la mare,

C'est ordinairement du 1er au 15 août qu'ils
s'essaient au vol, en faisant des tournées de plus
en plus grandes autour de la mare ou de l'étang ;
après le 15, se sentant forts de leurs ailes, ils se
rendent chaque soir, un peu avant le coucher du
soleil, aux marais et sur les rivières où ils passent
la nuit, et le lendemain, ils retournent à la mare
ou à l'étang ; quelques jours plus tard, entraînés
par les vieux canards, ils l'abandonnent tout à
fait pour aller habiter les grands étangs jusqu'au

départ général; alors, ils sont de vrais canards.

Pendant le jour, les canards se tiennent cachés dans les joncs et les roseaux, les oseraies le long

des rivières, etc.; une demi-heure avant le coucher du soleil, ils ont l'habitude de s'envoler, soit pour aller chercher ailleurs la nourriture qui leur convient, soit pour voyager, s'ils sont de passage. En s'élevant de l'eau, il font beaucoup de bruit. Quand ils sont en bande, comme il y en a toujours plusieurs qui observent et qui préviennent les autres, ils partent presque toujours de trop loin pour qu'on puisse les tirer; mais il faut se défier, parce que, même alors, il y en a souvent un ou deux qui sont restés et qu'on peut approcher. Un seul canard est bien plus facile, surtout quand il se croit masqué.

La bonne portée pour tirer un canard, est de trente à trente-cinq pas. S'il est sur l'eau, il faut l'ajuster un peu au-dessous de la partie du corps qui surnage ; mais, dans cette position, le plomb ne produit pas toujours son effet quand il frappe, tant les grosses plumes de l'aile que les parties les mieux garnies de duvet; on a, il est vrai, la ressource de lâcher le second coup au moment où le canard s'élève de l'eau ; si le canard est au vol, il faut, sans attendre qu'il suive la ligne horizontale, le tirer en haussant un peu le coup au moment où, continuant à battre des ailes pour monter, il découvre les parties de son corps les moins protégées par les plumes et le duvet; s'il passe en travers, il faut le tirer à la tête pour le frapper au corps; si, ne pouvant plus voler, il plonge, il faut s'apprêter à le tirer dès qu'il sort de l'eau un instant pour respirer.

C'est du 1er août au 15 qu'on chasse les halbrans des canards et aussi ceux des sarcelles, tant sur les mares et étangs, que le long des rivières et dans les marais où ils ont été élevés. Arrivé le matin, si c'est au marais, on s'occupe d'abord des bécassines et des râles ; parce que les coups de fusil, loin de faire partir les halbrans qui ne connaissent pas encore la chasse, les feront tenir, et ainsi on les aura mieux après.

La chasse des bécassines étant terminée, on entre par le milieu dans chacune des mares avec son chien ; s'il s'y trouve des halbrans, ordinairement au lieu de s'envoler, ils filent à droite et à gauche en se dérobant si bien, que presque jamais on ne les aperçoit, et quand il n'y a presque plus d'eau, ils se rasent sur les bords au milieu des herbes ; sorti de la mare, on en bat bien le tour, et les halbrans, forcés de s'élever les uns après les autres, sont très faciles à tirer. Ceux qui n'ont pas été tués se remettant tout près, on va les relever. On agit de même si les halbrans se tiennent sur une mare dans les bois.

Quand on doit chasser les halbrans sur un

étang, on commence par se faire conduire en barque depuis la chaussée jusqu'à la queue, et ensuite on fait le tour de l'étang en observant le plus grand silence, afin de les surprendre. De cette manière, ils se laissent souvent approcher d'assez près. Quand ils ne s'élèvent pas devant la barque, ils s'éloignent en nageant, et vont se remettre sur les deux bords. Ceux qui ont pris leur vol, après avoir fait quelques tours aux environs, reviennent presque toujours s'abattre sur la partie de l'étang opposée à celle où la barque se trouve; après leur avoir laissé un moment pour se rassurer, on peut aller les y relever. Les sarcelles ne manquent jamais de revenir ainsi, même plusieurs fois de suite, quoique tirées.

Descendu de la barque, on doit battre à pied, avec son chien d'arrêt, tout le tour de l'étang, sans hésiter à mettre le pied à l'eau, car les halbrans qui ont fui devant la barque, et quelquefois même les vieux canards, sont remis ou rasés au milieu des roseaux et des herbes à des endroits où il n'y a que 30 centimètres d'eau envi-

ron ; on les fera partir à ses pieds. J'ai éprouvé
que cette manière de chasser un étang en deux
fois était la meilleure ; mais, quand il y a un certain nombre de chasseurs qu'il faut occuper tous,
l'opération doit être faite en une seule fois : on
place deux chasseurs, trois au plus, sur la barque
qui part la première ; les autres suivent à pied
les deux bords de l'étang ; les chasseurs en barque et les chasseurs à pied font lever les canards

tant du milieu de l'étang que des bords, et ils se
les envoient mutuellement à tirer. C'est le mo-

ment où les imprudences sont le plus à redouter.
Il y a des chasseurs qui se disputent la barque,
parce qu'ils espèrent y être plus heureux que les
autres ; ils sont dans l'erreur, car c'est sur les
bords qu'il y a plus d'occasions de tirer.

Souvent à la chasse aux canards on démonte,
ce qui est un grand désagrément pour un chasseur, parce qu'on perd du temps, qu'on se donne
beaucoup de peine, et que néanmoins on n'a pas
toujours son gibier ; je l'évite en me servant pour
les halbrans du plomb numéro 6 à mon premier
coup, et de celui numéro 5 à mon second ; avec
cela, je tue toujours net quand j'ai bien ajusté et
que je me trouve à bonne portée.

Le canard démonté s'écarte en nageant, plonge
devant le chien, coule entre deux eaux, recommence plusieurs fois, et finit par se raser au
milieu des roseaux sans qu'on puisse toujours
l'avoir. Le meilleur moyen, c'est de le poursuivre
avec la barque, dans laquelle on prend son chien,
pour l'achever au moment où, après avoir plongé,
il reparaît sur l'eau.

Le canard démonté qui a échappé au chasseur abandonne presque toujours pendant la nuit l'étang et même la rivière où il a été blessé, pour essayer d'en gagner à pied un autre; il n'est pas sauvé pour cela, car les renards rôdant chaque nuit autour des étangs et le long des rivières, si l'un d'eux l'a senti aux gouttes de sang qu'il laisse tomber de distance en distance sur sa route, il le suit à la trace et le gueule. Celui qui reste sur l'étang ou la rivière ne peut pas long-temps se maintenir à l'eau, soit parce que son sang lui fait mal, soit parce qu'il veut l'arrêter et le faire sécher; aussitôt qu'on l'a laissé tranquille, il va se remettre à terre le long de la rive; c'est pourquoi, quand on sait avoir démonté un canard, il est bon, le lendemain de grand matin, de faire avec son chien le tour de l'étang, ou de suivre la rivière; s'il y en a un, le chien le trouvera de suite, l'arrêtera et même le saisira, car presque toujours il est alors très affaibli.

Le canard blessé gravement, mais qui peut encore s'enlever en portant le coup, s'écarte de

sa bande et va se jeter dans un bois ou un couvert quelconque, où il mourra misérablement, à
moins qu'un renard ne l'ait surpris.

Après le 15 août, on trouve toujours les halbrans pendant le jour sur les étangs et les mares
des bois, et le soir sur les rivières ou dans les
marais, mais ils sont déjà plus difficiles à joindre.
On continue à les y chasser avec plus ou moins
de succès, et en outre, on peut les affûter à la
chute du jour. On voit aux coulées formées par
leur passage habituel, et aux plumes laissées,
quelles sont les parties du marais qu'ils fréquentent.

Au commencement de novembre, les grandes
pluies étant revenues, les canards ne se tiennent
plus guère qu'au milieu des grandes eaux où ils
ne se laissent plus approcher. Cependant, on peut
encore les tirer de loin avec une canardière
chargée à double ou triple coup de poudre, selon
la force de l'arme, et à plomb double zéro. Si le
coup bien ajusté porte sur une forte bande, on
peut abattre jusqu'à sept ou huit canards, sans

compter les démontés qu'on achève avec le fusil ordinaire en les poursuivant en barque.

Quand la gelée prend, et encore au moment du dégel, les canards sont en mouvement et circulent plus qu'en tout autre temps ; alors on les affûte de tous les côtés. La gelée leur fait abandonner les marais et les étangs pour les rivières et les ruisseaux dont les eaux coulent encore ; ils s'y tiennent souvent sous les cavités d'une rive haute, ou au milieu des racines des arbres, occupés à chercher leur nourriture, et ils n'aperçoivent le chasseur que quand il est sur eux.

A toutes les heures du jour, mais préférablement de grand matin, on peut surprendre les canards sur les rivières, en suivant les bords à une certaine distance, tenant son chien de tout près et même derrière ; le chasseur fera en sorte que son ombre, s'il fait du soleil, ne s'étende pas sur l'eau, parce que les canards qui la verraient partiraient à l'instant comme si c'était lui-même. Quand c'est de loin qu'on aperçoit une bande de canards sur la rivière, on remarque un arbre ou un objet quelconque placé dans leur voisinage, et après un long détour, on se rend sur eux directement.

J'avais un chien d'arrêt, demi-griffon, nommé *Brillant*, qui entendait très bien cette manière de chasser : quand, après avoir pris le bon vent, je longeais à la distance de cinquante pas les bords d'une rivière que je savais fréquentée par des canards, il se tenait de lui-même derrière moi ; de temps en temps je me retournais pour voir s'il avait quelque chose à me dire, et lorsqu'il était à l'arrêt, j'étais certain qu'il y avait vis-à-vis de lui des canards ; en conséquence, j'avançais vers la rive et je tirais.

Pour tirer les canards en hiver, mon fusil était chargé de plomb numéro 5 le premier coup, et de numéro 4 le second.

Quand les ruisseaux et les rivières sont gelés, les canards, n'ayant plus de ressources que dans les fontaines dont les eaux plus chaudes que les autres continuent à couler, et où ils trouvent encore quelques herbes pour se nourrir, s'y abattent le soir et même aussi pendant tout le jour, en bandes d'autant plus nombreuses, que la gelée est plus forte. Mais la gelée continuant, sans cesse poursuivis et affûtés le long de ces fontaines, ils sont bien forcés de les déserter pendant le jour pour se répandre dans la plaine aux environs, principalement sur les champs ensemencés en blé, les bruyères et même les taillis; mais, devenus de plus en plus défiants, ils ne se laissent plus approcher; cependant, la nuit ils retournent aux fontaines. A la fin d'une longue gelée, les canards sont toujours très maigres à cause des privations qu'ils ont souffertes. Enfin, se voyant de plus en plus tourmentés, et leurs moyens de nourriture diminuant tous les jours, ils prennent le parti de quitter le pays pour essayer d'en rencontrer un autre qui leur offre plus de tranquillité et de ressources.

A l'automne, les nombreuses bandes de siffleurs, garrots, rouges, etc., passent sans s'arrêter; mais, de retour à la fin de l'hiver, elles

20

descendent sur les rivières et les étangs où elles
passent quelques jours, sans cependant se laisser

Fig. 53. — Passée de canards.

aborder d'assez près pour qu'on puisse souvent
les tirer avec le fusil ordinaire ; il faut avoir recours à la canardière. Il repasse aussi à cette
époque une grande quantité de canards.

Le premier passage est réglé par les premières gelées de décembre. Les canards quittent les étangs et viennent se rassembler par cent mille sur le gazon dans les grandes prairies. Ils y restent stationnaires deux ou trois jours, puis ils partent en deux fois après le soleil couché, et en si grande quantité, que chaque coup d'aile de l'ensemble de la troupe ressemble à un coup de canon. Les canards se dirigent ainsi, par exemple, des prairies de Mouzay sur la Champagne, et l'on n'en voit plus ensuite que quelques-uns isolés dans le département de la Meuse et ses environs, tout le gros, reste en Champagne, le jour sur la terre qui n'y est pas couverte de neige, et le soir sur les rivières qui n'y gèlent pas. Survient-il un faux dégel, quelques canards se détachent des terres ou prairies de la Champagne et se jettent à l'eau, où ils restent jusqu'à la fin de février. Au grand dégel, arrive le second passage : tous les canards reviennent de la Champagne dans les prairies et étangs des Ardennes et de la Meuse.

Du 15 février à la pleine lune de mars, les canards fréquentent les rivières, les noues et surtout les débordements ; c'est le moment de les tirer avec le plus de chance de succès. Pendant la nouvelle lune de mars, ils vont aux bois et dans les mares où on les tire facilement à l'affût.

Du 15 avril à la fin du même mois, ils remontent vers le nord pour y faire leurs nids.

Vers le 10 mars, quand il y a lune, les canards donnent le soir aux mares des clairs-chênes ou des jeunes taillis d'un an. Quand on s'en est aperçu aux plumes laissées, on peut aller les y affûter. Vers le 15 de ce mois, ils se posent le matin pour y passer la journée dans les mares des bois, jeunes ou vieux, où l'on peut encore aller les surprendre ; cependant, ce serait dommage, car c'est à ce moment qu'ils commencent à s'apparier, et ce sont précisément ceux-là qui doivent nicher dans le pays ; ils se remettent aussi dans les roseaux ou oseraies le long des rivières, parce qu'ils cherchent alors plus que jamais à se masquer. On peut les y chasser en tenant son chien comme j'ai expliqué ci-dessus.

De 1810 à 1818, j'ai chassé, je ne pourrais jamais dire combien de fois, sur l'étang de Bairon, près du Chesne (Ardennes), d'une étendue d'environ cent hectares, et très peuplé alors, comme il l'est même encore aujourd'hui, en gibier d'eau. Je n'exagère pas en déclarant que, dans ces huit années, j'y ai bien tué cinq cents canards. Voici comment je m'y prenais le plus habituellement : avant le point du jour, j'étais sur une barque à l'endroit que je savais être le plus fréquenté par les canards ; j'engageais les trois quarts de cette barque dans de grands roseaux qu'ensuite je renversais pour la masquer, et je me tenais à l'autre bout, caché derrière quatre claies mobiles confectionnées en roseaux et ajustées tant aux deux côtés que devant et derrière moi ; cela me faisait un bon affût. Dès que le jour commençait, un grand nombre de canards arrivaient en nageant près de moi ; j'attendais le moment où plusieurs se croisaient, et, par des ouvertures ménagées dans les claies, je les tirais

posés de mon premier coup et au vol du second.
A mesure que le jour avançait, et jusqu'à huit
-heures du matin, il venait de temps en temps des

marais des environs, des bandes qui passaient
au-dessus de moi sans défiance, et que je tirais
bien facilement. Quand je voyais qu'il n'y avait
plus rien à faire, j'allais ramasser mes morts, et
c'était jusqu'à dix à la fois.

On distingue les canards de l'année des vieux
à la membrane de la patte qui, chez les jeunes,
est d'un rouge plus vif, et plus douce au toucher,
mais surtout quand on arrache une des grosses
plumes du fouet de l'aile : si c'est un jeune, elle
sera molle et sanguinolente à son extrémité, dure
au contraire et sèche si c'est un vieux.

Il y a des canards domestiques qui, par le plumage ne diffèrent pour ainsi dire pas des sauvages ; néanmoins, on reconnaît toujours ces derniers au volume qui est un peu moindre, au cou
qui est plus grêle, aux ongles qui sont plus
noirs, à la membrane de la patte qui est plus
mince et plus lisse, parce que le canard sauvage
vit sur l'eau, tandis que le canard domestique,
marchant sur la terre et les pierrailles, s'endur-
cit la patte.

Les Sarcelles, appelées aussi marcanettes, sont
des oiseaux de passage au printemps et à l'automne ; cependant, il en reste toujours un certain
nombre qui, après s'être appariés vers le 15 avril,
nichent sur les étangs, dans les marais, le long

des rivières et dans les clairières des bois, où elles se tiennent toute l'année. Leur vol est court, mais rapide ; quand elles s'élèvent de l'eau, c'est avec beaucoup de vivacité et presque sans bruit.

Fig. 55. — Sarcelle.

On les trouve aux mêmes endroits que les canards et on les chasse de même ; mais, beaucoup moins défiantes et rusées qu'eux, on peut les approcher plus facilement, et elles se remettent plus tôt, souvent même tout près du chasseur qui les a fait partir ; aussi, c'est un oiseau très aisé à tirer. Quand, en chasse, on voit une bande de sarcelles, on va les faire lever, mais sans les tirer, même étant à portée, parce qu'alors on n'en pourrait tuer qu'une, et que le coup de fusil ferait écarter la bande ; après quelques tours, elles se remettent aux environs ; on va les faire lever de nouveau, mais toujours sans les tirer ; alors, elles se séparent et se remettent isolément à différents endroits où l'on peut les tirer les unes après les autres.

Les Foulques, qu'on nomme ordinairement morelles et judelles, arrivent sur les étangs au mois d'avril ; ils y nichent et y vivent en bandes quelquefois très nombreuses. Vers le milieu d'octobre, ils se rassemblent sur les grands étangs, et les quittent aux gelées pour aller passer l'hiver dans des pays plus doux ; ils ne sont bons à tirer qu'à la fin d'août ; à cette époque et pendant tout le mois de septembre, on les chasse sur les étangs tant en barque qu'en suivant à pied les bords dont, sans la présence de la barque, ils n'approcheraient guère ; encore n'en tue-t-on pas beaucoup de cette manière, parce que, plutôt que de prendre leur vol, chose qui leur est difficile, ils aiment mieux s'éloigner en nageant, sauf à plonger devant la barque quand ils se sentent trop pressés ; ils peuvent même rester assez longtemps immobiles sous les herbes, en ne laissant sortir de l'eau que le bec pour respirer.

Voici par quel moyen j'en tue le plus : ayant fait établir à la faulx des tranchées à divers endroits au milieu des roseaux d'un étang, je fais voyager une barque de manière à ce qu'elle y pousse les foulques ; des chasseurs postés en barque ou à pied aux environs, les tirent pendant qu'ils traversent les tranchées. Je vais aussi les affûter en barque aux endroits où je sais qu'ils se tiennent le plus habituellement ; en me voyant, ils ne manquent pas de plonger et de disparaître sous les herbes ; je profite de ce moment pour me cacher dans les roseaux ; au bout de quelques minutes, n'entendant et ne voyant plus rien, ils se remontent et se rassemblent ; alors, il m'est facile d'en tuer plusieurs à la fois, et même je recommence. Sur les grands étangs où les foulques sont très nombreux, on les chasse avec plusieurs barques, qui, partant de front de l'une des extrémités, en même temps que des tireurs longent à pied les deux bords, les poussent et acculent à l'autre extrémité; les foulques, obligés de passer au vol au-dessus des barques pour retourner à la pleine eau, sont tirées de tous les côtés. On peut recommencer cette manœuvre dans l'autre sens. On détruit de cette manière en une seule chasse une grande quantité de foulques, mais presque tous ceux qui ont échappé désertent l'étang pendant la nuit.

Les Poules d'eau sont aussi des oiseaux de passage qui se tiennent tout le jour au milieu des roseaux des étangs et des rivières, d'où il faut un bon chien pour les faire sortir, tant elles y font de détours pour les dépister; mais on peut les surprendre le soir et le matin le long des bords ou lorsqu'elles se promènent sur l'eau.

§ II

Bécassines et Râles d'eau.

Les bécassines, quoique ressemblant beaucoup aux bécasses par l'extérieur et même par la manière de se nourrir, puisqu'elles enfoncent aussi leurs longs becs dans de la terre douce pour y prendre des vers, n'en ont pas du tout les habitudes, et même on ne les rencontre jamais ensemble, les unes étant des oiseaux de marais et les autres ne fréquentant que les bois.

Il y a deux espèces de bécassines : la grosse et la petite ; il s'en trouve cependant encore une troisième, rare dans ce pays, appelée la bécassine double, mais qui diffère essentiellement de la bécassine ordinaire par la taille, le cri, la couleur, même par les habitudes et les allures, qui sont celles du râle de genêts.

La grosse bécassine niche assez souvent dans le pays ; elle pond quatre œufs, jamais plus, jamais moins. La grosse et la petite bécassine se tiennent dans les marais, aux endroits où il n'y

LACOSTE, JEUNE.

Fig. 56. — Bécassines, grosse et petite.

a que peu d'eau, sur les bords et les queues des étangs, dans les prés marécageux, dans les oseraies le long des rivières, dans les terrains bas et vieux labourés où il reste de l'eau, et même dans les jeunes taillis humides. On rencontre les grosses bécassines assez souvent seules et quelquefois deux ou trois ensemble; en temps de pluie et de brouillard, elles se rassemblent en plus grand nombre; alors, elles ne tiennent pas et elles partent de loin toutes à la fois, ce qui est cause qu'on ne peut pas les tirer, ou qu'on n'en tire qu'une. Les petites bécassines sont toujours isolées.

Les bécassines passent aux mois d'octobre et de novembre; elles reviennent dans ceux de mars et d'avril, mais il y en a toujours quelques-unes qui nichent dans nos marais; ce sont elles et leurs bécassinaux qu'on chasse au mois d'août, époque où ils vont d'un marais à un autre.

De toutes les chasses, c'est celle aux bécassines où l'on trouve le plus à tirer; aussi, est-elle très agréable quand on l'entend et la dirige bien; on la pratique également au printemps et à l'automne; dans la première de ces deux saisons, les bécassines sont plus nombreuses, mais dans l'autre elles sont plus grasses. Il faut choisir un temps bien clair, parce que, s'il était couvert, les bécassines partiraient de trop loin. Il y a des chasseurs qui prétendent le contraire ; mais, en vérité, je ne sais où ils ont vu cela.

On battra les endroits où il doit y avoir des bécassines en tenant son chien de tout près, et même, s'il est jeune et ardent, on fera bien pour le modérer, de lui mettre au cou un long cordeau traînant ; on le fera entrer dans les joncs et dans les herbes ; on n'avancera que lentement ; on ne craindra pas de revenir sur ses pas ; après avoir bien battu le marais, on passera, s'il fait chaud, aux regains, où l'on retrouvera les bécassines déjà levées. S'il fait du vent, il faut diriger sa chasse de manière à l'avoir au dos, parce que la bécassine, quand elle s'élève, force toujours le vent et revient sur le chasseur, ce qui permet de la mieux tirer ; mais, s'il ne fait pas de vent, on peut diriger sa chasse comme il convient le mieux. Le meilleur plomb est celui numéro 8.

La grosse bécassine, en général, se laisse bien arrêter quand les circonstances sont favorables à la chasse ; à l'arrêt, la queue du chien fait ordinairement de légers mouvements à droite et à gauche ; on dirait qu'il n'est pas certain ; quand il avance, c'est qu'il sent que la bécassine coule devant lui.

La grosse bécassine, au départ, commence par filer droit ; ensuite elle fait deux ou trois crochets, après quoi elle file droit de nouveau avec rapidité, et presque toujours elle s'élève à une grande hauteur ; aussi le tir de cet oiseau est difficile. Les uns prétendent qu'il ne faut lâcher le coup qu'après son crochet ; les autres soutiennent qu'il vaut mieux le faire dès le cul levé, c'est-à-dire, au moment où elle s'élève ; ils ajoutent que si on lui donnait le temps de faire ses crochets et de filer, on ne la tirerait pas souvent ou bien ce serait de trop loin. Je suis tout à fait de ce dernier avis : je tire donc la bécassine au premier coup d'œil, c'est-à-dire, dès que je la trouve au bout de mon fusil, sauf, quand je l'ai manquée, à lui envoyer mon second coup avant même qu'elle ait commencé ses crochets.

Heureusement qu'on peut tirer cet oiseau de

plus loin qu'aucun autre, car le moindre grain de plomb qui le touche le fait tomber. Du reste, il faut être bien convaincu qu'à cette chasse, l'habitude fait autant que l'adresse ; j'ai même connu des chasseurs allant souvent au marais, qui tiraient les bécassines aussi facilement que d'autres les cailles.

J'ai souvent remarqué cette ruse de la grosse bécassine : à son départ, après s'être élevée à perte de vue et avoir paru vouloir s'éloigner tout à fait du chasseur, elle revient au bout de quelques minutes se remettre tranquillement à l'endroit même d'où il l'avait fait lever, ou du moins aux environs.

La petite bécassine, appelée sourde parce que, se tenant blottie au milieu des herbes, elle semble ne pas entendre le bruit qui se fait autour d'elle, tient si bien l'arrêt, qu'elle ne part que quand le chasseur va mettre le pied sur elle ou le chien la prendre ; elle est très facile à tirer dans son vol lent et droit ; malgré le coup de fusil, quand par hasard on l'a manquée, elle se repose à quelques pas, mais la troisième fois qu'elle est relevée, elle va loin.

Un bon moyen d'affermir son chien à l'arrêt, c'est de tirer sous son nez les petites bécassines, vues à terre.

Au moment des fortes gelées de la fin de novembre, les bécassines, abandonnant les marais, se dirigent en grandes bandes vers des climats plus doux, mais il en reste encore quelques-unes, surtout des petites, qui passeront l'hiver dans les grandes herbes sur les bords des ruisseaux et des fontaines dont les eaux ne gèlent pas. Elles sont alors plus faciles à tirer qu'au marais, parce que, partant de plus près, elles se reposent toujours aux environs.

En les chassant, on fait assez souvent lever un lièvre ; aussi est-il bon que l'un des coups soit chargé au plomb numéro 6.

Les râles d'eau sont de passage aux mêmes époques que les bécassines, et on les rencontre aux mêmes endroits.

Leur tir est tout ce qu'il y a de plus facile,

mais on a au moins autant de peine à les faire
lever que les râles de genêts eux-mêmes, tant
ils courent vite, font de tours et de détours,
même de ruses dans les joncs et les roseaux pour

Fig. 57. — Râle d'eau.

échapper à la poursuite; cependant, quand ils
ont affaire à un vieux chien il faut bien qu'ils
s'élèvent. *Médor*, ce si bon chien dont j'ai parlé,
n'était jamais dupe de leurs manœuvres; je l'ai
même vu plus d'une fois, ayant senti sur l'eau
d'un étang qu'un râle venait d'y plonger, s'y
jeter et aller le prendre à l'endroit où, après

avoir filé entre deux eaux, il était allé se remettre.

Mais quand on n'a qu'un jeune chien pas encore fait, il ne faut pas s'exposer à le gâter en lui
donnant souvent à chasser les râles d'eau, qui
d'ailleurs sont un assez mauvais gibier.

§ III

Vanneaux et Pluviers.

À la fin de l'hiver, les Vanneaux et les Pluviers nous arrivent, souvent ensemble, par bandes

Fig. 58. — Vanneau.

très nombreuses qui se rendent au nord; dès les premiers jours d'octobre, ils repassent pour retourner au midi.

Aux deux époques, ils s'abattent sur les prairies marécageuses et les terres nouvellement ensemencées pour y ramasser des vers ; mais, toujours défiants, ils ne se laissent jamais aborder d'assez près pour qu'on les tire ; on n'y par-

Fig. 59. — Pluvier.

vient que quand par hasard on en rencontre qui sont isolés.

A l'automne, on peut cependant quelquefois tirer les pluviers à terre quand, les ayant aperçus de loin, on ne s'est pas rendu sur eux directement.

On peut aussi, à la fin de l'hiver, un jour de

gelée ou de neige fondue, avant le lever du soleil, joindre les pluviers et les vanneaux eux-
mêmes, et comme alors ils se trouvent très
rapprochés les uns des autres, il y a un beau
coup de fusil. Une fois le soleil levé, ils rede-
viennent inabordables.

C'est au filet que généralement on prend ces
oiseaux, souvent même toute la bande à la fois;
mais je n'ai pas à m'occuper ici de ce genre de
chasse.

§ IV

Oie sauvage.

A la fin de novembre, les oies sauvages, venant du nord et se dirigeant au midi, passent en bandes plus ou moins nombreuses sur notre pays, sans s'y arrêter. Au contraire, dans leur voyage de retour, à l'époque des grands dégels de la fin de l'hiver, c'est-à-dire, du 15 janvier au 15 février, elles s'abattent souvent sur les grandes prairies inondées. Si les eaux se retirent ou gèlent, la bande se rend pendant le jour sur les champs ensemencés en blé, où elle fait beaucoup de dégâts. Vers sept ou huit heures du soir, elle retourne aux prairies pour y passer la nuit sur l'eau ou même sur la glace.

Toujours défiante, et se gardant avec des vedettes et des sentinelles comme une armée devant l'ennemi, la bande ne peut être abordée par le chasseur, quelques précautions qu'il prenne ; le seul moyen, c'est l'affût. Le chasseur, qui a reconnu aux fientes et aux plumes les endroits où les oies ont l'habitude de passer leur nuit, ira s'y poster vers sept heures du soir, avant leur retour des champs. Pour les tirer, il se servira de plomb numéro 1 ou du double zéro, car, à cause de leurs plumes et de leur duvet, les oies sont dures à percer.

La bande, arrivée, ne se pose pas de suite : toujours défiante, elle tourne et retourne plusieurs fois sans laisser entendre d'autre bruit que celui des ailes en volant ; à mesure qu'elle se rassure, elle baisse son vol, et puis elle se pose ; mais le chasseur n'attendra pas qu'elle soit posée, parce qu'alors les grosses plumes de l'aile amortiraient les effets du plomb ; il tirera sur la bande avec plus d'avantage, et en voyant mieux, au moment où elle passera au-dessus de lui à belle portée.

Il pourra aussi aller un peu avant le point du jour s'embusquer dans les eaux de l'inondation, sur le passage qu'il a vu le matin que la bande suivait en allant aux blés, parce qu'elle le reprendra en revenant. En ce moment, surtout s'il fait du brouillard, elle passera bas, et elle sera moins en défiance. Aussi, est-ce le matin que j'ai toujours tué le plus d'oies.

Dans ma jeunesse, on en voyait un grand nombre ; aujourd'hui, ce n'est presque plus rien.

FANFARES

— ✦ —

Le Réveil-Matin.

La sortie du chenil.

Tons de quête ou foulés.

Réchauffé de quête.

Le Lancé.

D. C.

La Vue.

Une autre trompe continue :

On commence si l'on veut ainsi, en forhuant :

Bien-Allé ou ton pour chiens.

Autre Bien-Allé.

Le Volcelest.

Le Débuché.

2ᶜ phrase.

La Plaine.

Le changement de forêt.

2ᵉ *reprise ad lib.*

L'Accompagnée.

Temps d'arrêt

Le Bat l'eau.

2e phrase

La Sortie de l'eau.

Ton pour chiens qui se sonne dès

que l'animal est sorti de l'eau et repart.

6

L'Hallali sur pied.

Temps d'arrêt.

L'Hallali par terre.

Les honneurs du pied.

2ᵉ phrase se sonne la première.

La Retraite prise.

La Retraite manquée.

La Rentrée au chenil.

D. C.

Le Bonsoir.

La Royale ou le Dix cors.

Le Dix cors jeunement.

La quatrième tête.

La troisième tête.

La deuxième tête.

Le Daguet.

La Tête bizarde.

Le Loup.

Le Sanglier.

Le Lièvre.

FP

Le Daim.

Le Chevreuil.

Le Renard.

Le terré du Renard.

Le Blaireau.

La Saint-Cloud.

D. C.

La Rambouillet.

FIN.

La Compiègne.

FIN.

D. C. 𝄋

La Fontainebleau.

FIN.

La Chantilly.

FIN.

La Saint-Hubert.

Procédés TANTENSTEIN, rue Toullier, 8.

FIN.

TABLE DES MATIÈRES

CHAPITRE III

Chasses au chien courant à pied et à cheval. 83

SECTION Iʳᵉ. — ANIMAUX NUISIBLES

CHAPITRE IV

Chasses au chien d'arrêt en plaine et sous

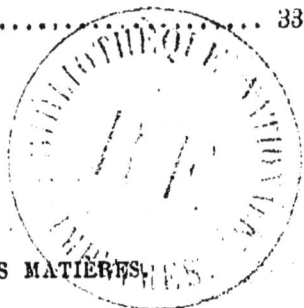

FIN DE LA TABLE DES MATIÈRES

Paris.—Imp. E. Capiomont et Vᵉ Renault, rue des Poitevins, 6.—1879.

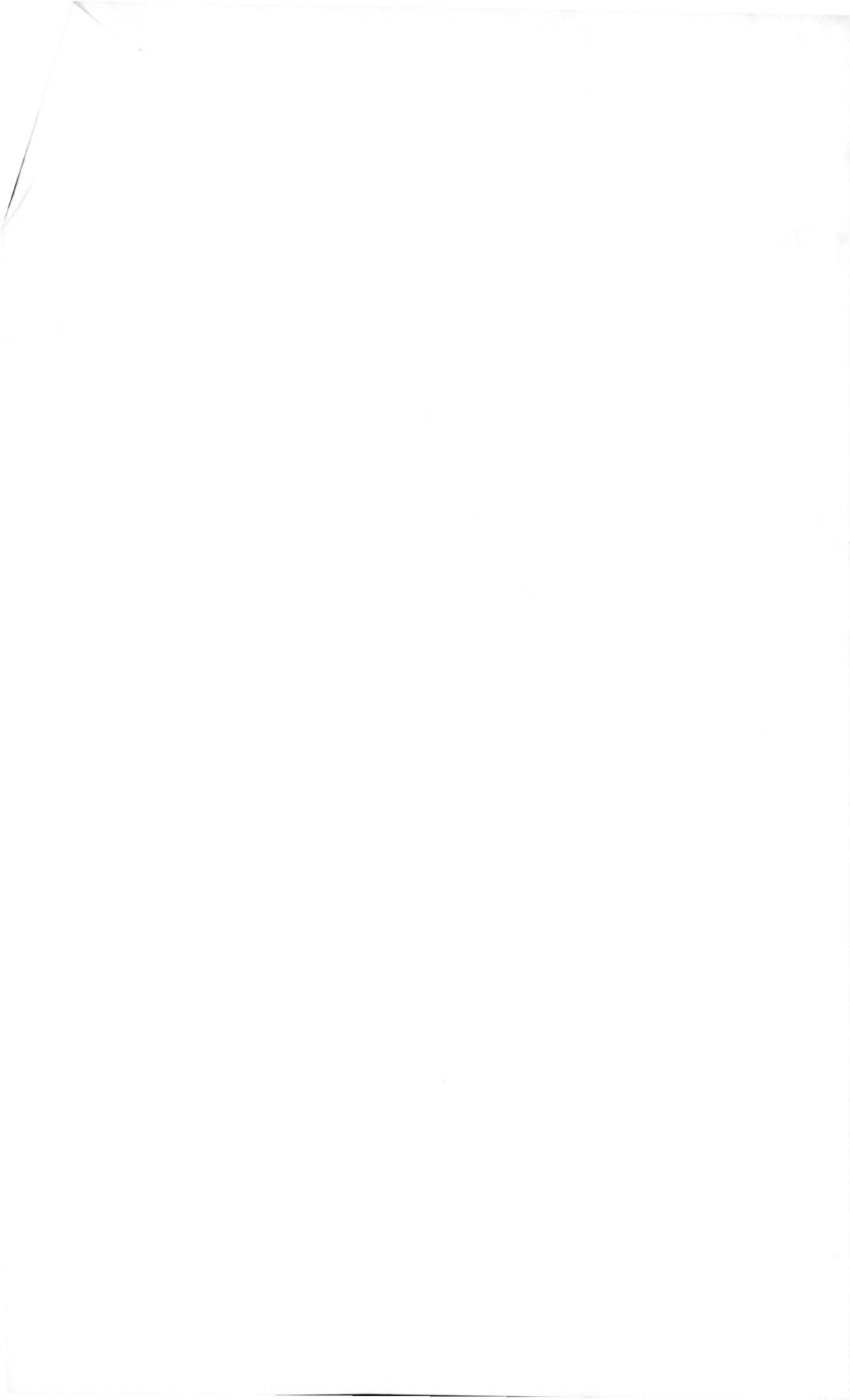

www.ingramcontent.com/pod-product-compliance
Lightning Source LLC
Chambersburg PA
CBHW060129200326
41518CB00008B/975